Gerhard Wunsch

Zellulare Systeme

REIHE WISSENSCHAFT

Die REIHE WISSENSCHAFT ist die wissenschaftliche
Handbibliothek des Naturwissenschaftlers und
Ingenieurs und des Studenten der mathematischen,
naturwissenschaftlichen und technischen Fächer.
Sie informiert in zusammenfassenden Darstellungen
über den aktuellen Forschungsstand in den exakten
Wissenschaften und erschließt dem Spezialisten den
Zugang zu den Nachbardisziplinen.

Gerhard Wunsch

Zellulare Systeme

Mathematische Theorie
kausaler Felder

Mit 32 Abbildungen

Vieweg · Braunschweig

Prof. Dr. G. Wunsch
Technische Universität Dresden

CIP-Kurztitelaufnahme der Deutschen Bibliothek

Wunsch, Gerhard
Zellulare Systeme: mathemat. Theorie kausaler Felder. —
1. Aufl. — Braunschweig: Vieweg, 1977.
   (Reihe Wissenschaft)

1977
Alle Rechte vorbehalten
© Akademie-Verlag Berlin 1977
Lizenzausgabe für
Friedr. Vieweg & Sohn Verlagsgesellschaft mbH, Braunschweig,
mit Genehmigung des Akademie-Verlages, DDR — Berlin

ISBN-13: 978-3-528-06837-0   e-ISBN-13: 978-3-322-86456-7
DOI: 10.1007/978-3-322-86456-7

Vorwort

Es läßt sich nicht mit wenigen Worten umreißen, was unter dem Begriff „zellulares System" oder unter „Systemtheorie" überhaupt zu verstehen ist, zumal sich das Forschungs- und Betrachtungsfeld dieser Theorie in den letzten Jahren außerordentlich erweitert und auch eine Verlagerung seines Schwerpunktes erfahren hat.

Wie jede andere Wissenschaft, so versucht auch die Systemtheorie, eine wesentliche Seite der Realität zu erkennen und zu beschreiben. Nach dem Vorbild der klassischen Physik versucht auch die Systemtheorie, einen nicht überschaubaren Gesamtkomplex von Naturerscheinungen in möglichst einfache und zueinander nur in schwacher Wechselwirkung stehende Teilkomplexe aufzulösen, deren mathematische Beschreibung dann in der Regel keine Mühe macht. Die elektrischen Vorgänge in einer Schaltung oder die meteorologischen Erscheinungen an einem festen Ort der Erde bilden z. B. solche Teilkomplexe. Während aber die klassische Physik und die auf ihrer Grundlage entwickelten technischen Wissenschaften bei diesem Auflösungsprozeß die herauspräparierten Einzelerscheinungen selbst und das konkrete mathematische Gesetz des Zusammenspiels der ihnen entsprechenden physikalischen Größen zum Gegenstand der Betrachtung machen, legt die Systemtheorie ihr Augenmerk ausschließlich auf die Struktur (formale Gestalt) des mathematischen Zusammenhangs dieser physikalischen Größen.

Spezielle Größenbereiche mit ihren Verknüpfungsoperationen bilden dann Modelle ein und desselben abstrakten Systems.

In den in der Regel betrachteten Systemen spielen sich alle Vorgänge bei festem Ort nur in der Zeit ab. Die Erscheinungen der Realität aber verlaufen in Raum und Zeit, und es ist offensichtlich, daß die reinen „Zeitmodelle" der kybernetischen Systemtheorie nur bei relativ einfachen Erscheinungskomplexen ein hinreichend genaues Modell der Wirklichkeit liefern können. Eine Systemtheorie, die Einblicke in einen größeren Ausschnitt der Natur, Technik oder Wirtschaft vermitteln will, muß also grundsätzlich eine Theorie von Raum-Zeit-Modellen sein.

Von diesen Gründen der Systematik ganz abgesehen, kam der Anstoß zur Entwicklung solcher Systemmodelle mit Raumstruktur aus verschiedenen Bereichen wissenschaftlicher Tätigkeit, insbesondere aus der Automatentechnik, der Biologie und der Mikroelektronik. Die von diesen Disziplinen aufgeworfenen Fragen, die uns zur Ausarbeitung der Grundzüge einer allgemeinen Theorie der Raum-Zeit-Systeme (zellulare Systeme) führte, sollen — ohne Vollständigkeit anstreben zu können — hier im Zusammenhang dargestellt werden (bez. der verwendeten algebraischen Grundbegriffe verweisen wir auf den „Anhang").

In diese Darstellung sind viele Gedanken und Aufzeichnungen meines Mitarbeiters Dr.-Ing. JUGEL eingeflossen, dem ich an dieser Stelle dafür meinen Dank aussprechen möchte. Gedankt sei auch den Herausgebern und dem Verlag für die Aufnahme dieser Arbeit in diese Reihe.

G. WUNSCH

Dresden, Juni 1976

Inhaltsverzeichnis

1. Einführung

1.1. *Grundbegriffe der Systemtheorie*

a) Systeme ohne Raumstruktur. Für die hier dargestellte Theorie zellularer Systeme bildet die Systemtheorie (im engeren, üblichen Sinne) die allgemeine
Grundlage. Es ist daher nötig, ein paar allgemeine
Bemerkungen zum Systembegriff allen weiteren Ausführungen voranzustellen.

Da nicht jedes Relationengebilde das mathematische
Modell eines realen Erscheinungskomplexes ist, gehört
es zu den Aufgaben der Systemtheorie, nur solche
Relationenstrukturen aufzufinden, durch innere Eigenschaften zu charakterisieren und zu untersuchen, denen
ein für die jeweilige Problematik hinreichend großer
Ausschnitt der Wirklichkeit entspricht.

Dieses zentrale Problem soll nun elementar erläutert
werden, und zwar an dem in Abb. 1.1 gezeigten einfachen *System* (konstante Induktivität $L > 0$, L-Zwei-

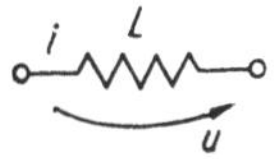

Abb. 1.1. Strom i und Spannung u einer Induktivität L

pol P). Betrachtet man den Strom i als gegeben (als
Ursache), so ist sein Zusammenhang mit der Spannung
(*Wirkung*) bereits vollständig bestimmt. Anders verhält
es sich, wenn die Spannung u im Intervall (t_1, t_2) als
vorgegeben angesehen wird. Dann kann i zur Zeit t
nur berechnet werden, wenn noch i zur Zeit t_1 $(t_1 < t < t_2)$
bekannt ist:

$$u(t) = L \, \frac{\mathrm{d}i(t)}{\mathrm{d}t}, \quad i(t) = i(t_1) + \frac{1}{L} \int\limits_{t_1}^{t} u(\tau) \, \mathrm{d}\tau \, .$$

$i(t_1)$ wird als *Zustand* des Systems zur Zeit $t = t_1$ bezeichnet. Der Zustand zur Zeit $t = t_1$ und der zeitliche Verlauf der Ursache im Intervall (t_1, t) bestimmen die Wirkung im Zeitpunkt t.

Dieser an einem sehr elementaren Systemmodell verifizierte Sachverhalt läßt sich allgemein bei den verschiedenartigsten und auch beliebig komplizierten (kausalen und determinierten) Systemen feststellen.

Jedem konkreten System sind also zunächst 3 Variable, die Ursachen- oder *Eingangsvariable* x, die Wirkungs- oder *Ausgangsvariable* y und die *Zustandsvariable* z zugeordnet.

In Abb. 1.1 bezeichnet z. B.:

$$i(t_1) \triangleq z: Zustand \text{ z. Z. } t_1;$$
$$u(\tau) \triangleq x: Ursache \text{ im Intervall } (t_1, t);$$
$$i(t) \triangleq y: Wirkung \text{ z. Z. } t.$$

In den bekanntesten Fällen handelt es sich dabei um Variable auf der Menge der reellen Zahlen, aber keineswegs bei allen Systemen (z. B. nicht bei der als endliche Automaten bezeichneten Systemklasse). Für hinreichend allgemeine Einsichten müssen x, y und z als Variable auf beliebigen Mengen, den sogenannten *Systemalphabeten* X, Y und Z, angenommen werden. Die Elemente dieser Alphabete heißen *Buchstaben*.

Die zeitabhängigen Eingaben können nun als Abbildung x aus einer Menge T von Zeitpunkten t in das Eingangsalphabet X beschrieben werden, in Zeichen

$$x: T \to X. \tag{1}$$

Der besondere Fall, in dem T ein ganzes Zeitintervall, etwa die ganze positive Zeitachse bezeichnet, ist für die Systeme der *Analogtechnik* von Bedeutung. In diesem Fall heißen die Abbildungen $x: T \to X$ gewöhnlich *Eingangssignale*. Bei in *Zeittakten* arbeitenden Systemen, in denen T aus äquidistanten Zahlen besteht, spricht man — insbesondere bei Automaten — von *Wörtern* x aus dem Alphabet X.

In Verallgemeinerung des Beispiels nach Abb. 1.1 läßt sich nun jedes determinierte System durch 2 Abbildungen beschreiben:

$$F(z, x, t_1, t) = z', \qquad (2\,\text{a})$$

$$g(z, x, t) = y. \qquad (2\,\text{b})$$

F heißt *Überführungsoperator*, g ist die *Ergebnisfunktion* des (abstakten) Systems. Zusammen bilden diese Gleichungen die *Zustandsgleichungen* des abstrakten Systems. Nach (2a) ist jedem Zustand z im Zeitpunkt t_1 und jedem Zeitverlauf des Eingangswortes x von t_1 bis t ein neuer Zustand z' zum Zeitpunkt t zugeordnet. Entsprechendes gilt für (2b), die den Zusammenhang zwischen Zustand, Eingabe und Ausgabe beschreibt.

Bezeichnet X die Menge der zugelassenen Wörter, den *Wortraum* (*Eingangsraum*) des Systems, so hat man es bei F und g mit folgenden Kreuzmengenabbildungen bzw. algebraischen Operationen zu tun:

$$F: Z \times X \times T \times T \to Z, \qquad (3\,\text{a})$$

$$g: Z \times X \times T \to Y. \qquad (3\,\text{b})$$

Diese Schreibweise macht sofort deutlich, daß in der kybernetischen Systemtheorie nicht die gut erforschten Grundstrukturen der modernen Mathematik (Algebra, Analysis) vorliegen, sondern relativ komplexe Strukturen.

Nun ist nicht jede Abbildung des in (2) angegebenen Typs eine Systemabbildung, d. h. das mathematische Bild einer gewissen realen Erscheinung aus Natur, Technik oder Ökonomie. Die Operationen F und g müssen also gewissen einschränkenden Bedingungen genügen, wenn sie reale Erscheinungen abbilden sollen. Es ist eine weitere Grundaufgabe der Systemtheorie, diese Bedingungen exakt anzugeben, und zwar sowohl für die Klasse des universellen determinierten Systems als auch für praktisch wichtige Teilklassen.

	$z' = F(z, x, t_1, t)$	$y = g(z, x, t)$
Analoge Systeme	$\dfrac{dz}{dt} = f(z, x, t)$	$y = g(z, x, t)$
Digitale Systeme	$z' = f(z, x, t)$	$y = g(z, x, t)$
Automaten	$z' = f(z, x)$	$y = g(z, x)$

In der angeführten Übersicht wurden lediglich 3 besonders bekannte Systemklassen mit ihren Zustandsgleichungen zusammengestellt. Man erkennt, daß bei diesen Klassen der Überführungsoperator F durch eine *Überführungsfunktion f* — teilweise ergänzt durch einen Differentialoperator — ersetzt werden kann.

Beispielsweise bilden die üblicherweise als *Automaten* bezeichneten Systeme eine Klasse, die vom Standpunkt der Systemtheorie relativ speziell ist. In systemtheoretischer Terminologie ist ein Automat ein (im einfachsten Fall) determiniertes System (ohne Raumstruktur) mit folgenden zusätzlichen Eigenschaften:

1. T ist Teilmenge der ganzen Zahlen (*diskretes System*),
2. X, Y, Z sind endliche Mengen (*endliches System*),
3. Überführungs- und Ergebnisfunktion sind *zeitinvariant* (*zeitinvariantes System*).

Automaten sind also diskrete, endliche und zeitinvariante Systeme (diese Definition kann auch weiter gefaßt werden).

b) Systeme mit Raumstruktur. Die gesamte Entwicklung auf dem Gebiet der räumlichen Strukturen kam in Fluß mit einer auf den ersten Blick sicherlich kühn erscheinenden Überlegung, die in der von JOHN VON NEUMANN [1] aufgeworfenen Frage mündet: Kann man prinzipiell Automaten entwerfen, die sich selbst reproduzieren oder die gar selbst neue, vollkommenere Automaten konstruieren?

J. v. NEUMANN konnte in einer für die gesamte nachfolgende Forschung richtungsweisenden theoretischen Arbeit nachweisen, daß solche sich selbst reproduzierenden Automaten auf der Basis bestimmter räumlicher

Systeme mit regelmäßiger Gitterstruktur in sogenannten *zellularen Automaten* möglich sind. Abb. 1.2 zeigt das allgemeine Schema eines solchen zellularen Automaten.

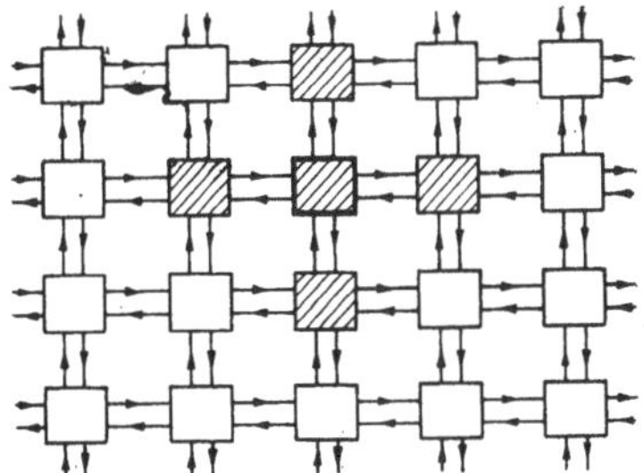

Abb. 1.2. Zellulares System mit dem Raum $R = \mathbf{Z}^2$

Jeder als *Zelle* bezeichnete Gitterpunkt (dargestellt durch ein rechteckiges Kästchen) trägt eine Kopie ein und desselben endlichen (Moore-)Automaten. Jeder Gitterautomat steht mit seinen 4 Nachbarn in unmittelbarer Wechselwirkung, d. h., er kann auf den Zustand seiner 4 Nachbarn einwirken, und sein eigener Zustand wird von 4 Nachbarn beeinflußt. Die Einwirkung erfolgt in diskreten Zeitakten. Diese Struktur wird im weiteren eine fundamentale Rolle spielen, so daß an dieser Stelle hierzu nicht mehr gesagt zu werden braucht.

1.2. *Spezielle Strukturen*

a) Nervennetze. Einen weiteren Anlaß, sich dem Studium räumlicher Systeme zuzuwenden, gab eine Entdeckung in der Biologie. Experimentelle Untersuchungen von NICHOL, REICHARDT, VON SEELEN u. a. am Facettenauge von Krebsen und Fliegen hatten ergeben, daß die nervöse Verarbeitung visueller Information bei Gliederfüßern mit einem Kontrastverschär-

fungseffekt verbunden sein muß [2]. Anders konnte die
aus Experimenten ablesbare Auflösung der mit der
Sehfeldüberlappung der zahlreichen Ommatidien (keil-
förmige Augenklammern) verbundene Konturenver-
wischung nicht erklärt werden. Diese Kontrastverschärfung konnte nur in den Nervenbahnen erfolgen, und es
gelang den Forschern, dieses Phänomen durch ein in
bestimmter Weise verschaltetes *Neuronennetz* zu modellieren. Dieses Verschaltungsprinzip ist unter der Be-
zeichnung „*laterale Inhibition*" (seitliche Hemmung)
in die Literatur der Informationsverarbeitung und der
Kybernetik eingegangen und insbesondere auch von
sowjetischen Wissenschaftlern (vor allem von POZIN)
eingehend untersucht worden. Abb. 1.3 zeigt das Prinzip

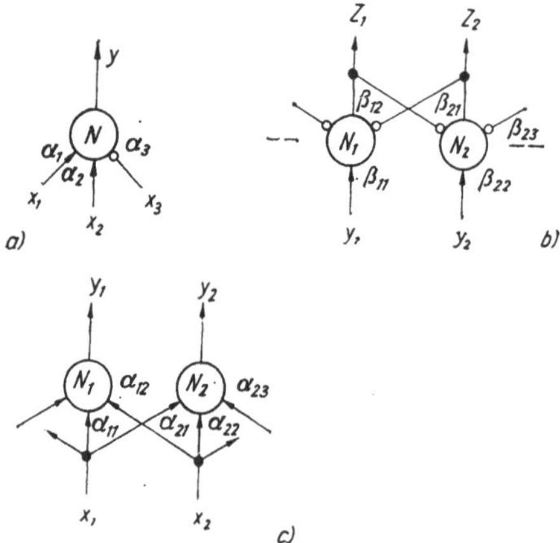

Abb. 1.3. Neuronennetz
    a) Nervenzelle N
    b) Prinzip der lateralen Inhibition
    c) Prinzip der „Signalstreuung"

der lateralen Inhibition. Abb. 1.3a) gibt zunächst das
Prinzip einer einzelnen Nervenzelle wieder, soweit es für
das weitere von Bedeutung ist. Die Linien mit Pfeilen

bezeichnen Eingänge mit *erregender* Wirkung, die mit Kreisen versehenen Linien Eingänge mit *hemmender* Wirkung. Für die angegebene Zelle N gilt also bei linearer Wirkungsweise am Zellenausgang

$$y = \alpha_1 x_1 + \alpha_2 x_2 - \alpha_3 x_3 .$$

Abb. 1.3 b) zeigt die Zusammenschaltung einzelner Nervenzellen nach dem Prinzip der lateralen Inhibition in der als *Rückwärtshemmung* bezeichneten speziellen Form. Abb. 1.3 c) gibt schließlich noch ein Modell zur Kontrastverwischung (Modell der Informationsverarbeitung im Facettenauge) wieder.

Nimmt man die Informationsverarbeitung in einem Neuron im einfachsten Fall als linear an, so gilt für die Rückwärtshemmung nach Abb. 1.3, b)

$$z_i = y_i \beta_{ii} - \sum_{\substack{j=1 \\ i \neq j}}^{n} \beta_{ji} z_j \quad (\beta_{ii} = 1)$$

und in Matrizenform $\mathbf{y} = \mathbf{B'z}$, $\mathbf{B} = (\beta_{ij})$. Für das Streuungsmodell nach Abb. 1.3 c) gilt analog $\mathbf{y} = \mathbf{Ax}$, $\mathbf{A} = (\alpha_{ij})$.

Die Hintereinanderschaltung beider Modelle ergibt $\mathbf{z} = \mathbf{x}$ genau dann, wenn gilt $\mathbf{A} = \mathbf{B'}$.

Das heißt: Die vom 1. System (Abb. 1.3 c)) hervorgerufene Kontrastverwischung eines räumlichen Signals kann durch die in einem 2. System (Abb. 1.3 b)) nach dem Prinzip der lateralen Inhibition verlaufenden Informationsverarbeitung wieder vollständig aufgehoben werden. Das geschieht dann, wenn die Art der Hemmungskopplung so gewählt wird, daß die Matrix $\mathbf{B'}$ der Hemmungskoeffizienten mit der Matrix $\mathbf{A}$ der Streukoeffizienten übereinstimmt.

Abb. 1.4 zeigt das vollständige Schaltbild eines solchen zweischichtigen Neuronennetzwerks, bei dem die Kontrastverschärfung nur durch eine im Prinzip die gleiche Wirkung hervorrufende *Vorwärtshemmung* erzeugt wird.

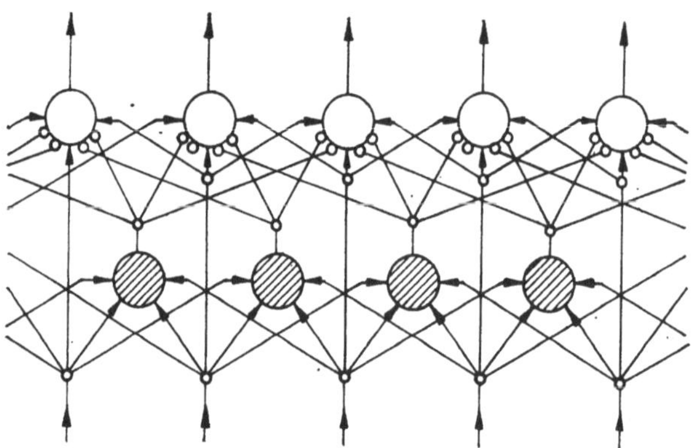

Abb. 1.4 Mehrschichtiges Neuronennetz

Die vorgetragenen Gedanken erläutern nur das
Prinzip an Hand sehr einfacher Modelle. Durch Varia-
tion der Verschaltungsstruktur von Neuronenmodellen
und der Kombination mehrerer Schaltungsschichten
kommt man zu immer komplexeren und leistungs-
fähigeren Informations-Verarbeitungsstrukturen.

b) Homogene Schichten. Eng zusammen mit den
Neuronennetzen hängen die „*homogenen Schichten*" von
MARKO [3]. Diese Strukturen unterscheiden sich von
den eben betrachteten insofern, als es sich hier um
lineare Strukturen (s. Abschnitt 4) handelt, bei denen
das diskrete Neuronennetz durch ein „Zellkontinuum"
ersetzt ist.

Eine der wesentlichsten Eigenschaften dieser homogenen Schichten (bzw. Neuronennetze) ist ihre relativ
hohe Sicherheit der Informationsverarbeitung. Der
Ausfall einzelner Zellen oder Zellkopplungen, also
partielle Zerstörungen der Struktur, haben keinen
wesentlichen Einfluß auf die Güte der Informationsverarbeitung. Das von homogenen Schichten realisierte
Wechselspiel von Streuung und Sammlung der Infor-
mationsflüsse führt dazu, daß die funktionsfähigen Teile
der Struktur die Arbeit der ausgefallenen bis zu einem
gewissen Grade mit übernehmen.

Die schon von J. v. Neumann aufgeworfene Frage nach der Struktur eines zuverlässigen Systems, das aus unzuverlässigen Elementen aufgebaut ist, findet so aus der Sicht der Theorie homogener Schichten eine neue Beleuchtung. Unter diesem Aspekt wurden die Eigenschaften homogener Schichten bisher kaum genauer erforscht.

c) Homogene mikroelektronische Strukturen. Unter dem Begriff „*homogene mikroelektronische Struktur*", der vor allem von der sowjetischen Fachliteratur eingeführt und verwendet wird, versteht man einen Schaltungstyp, der sich mit der Entwicklung der Mikroelektronik und der Technik integrierter Dünnschicht- und Festkörperschaltkreise technologisch als besonders günstig erwiesen hat [4]. Diese homogenen mikroelektronischen Strukturen sind generell durch folgende Merkmale gekennzeichnet:

1. Sie bestehen aus einer großen Anzahl von Funktionselementen, den Zellen, die gleichmäßig, meist in Form eines ebenen orthogonalen Punktgitters, angeordnet sind.

2. Die Zellen sind über ein für jede Zelle gleiches Verbindungsmuster gekoppelt, wobei nur benachbarte Zellen miteinander in Wechselwirkung stehen.

3. Jede Zelle realisiert eine (möglichst einfache) Funktion, die Zellfunktion. Dem Variationsspielraum der Zellfunktionen sind enge Grenzen gesetzt.

4. Die fertigen Strukturen lassen sich nur von den Randzellen aus beschalten.

Diese homogenen Strukturen zeigen Vorteile, von denen die hohe Zuverlässigkeit und die Möglichkeit der gleichzeitigen (parallelen) Realisierung mehrerer Funktionen die wesentlichsten sind. Bezüglich der Homogenität ähneln sie zunächst äußerlich den Strukturen zellularer Automaten bzw. Nervennetzen. Bei dem Entwurf mikroelektronischer Strukturen ist wesentlich, daß technologische Gegebenheiten oder Möglichkeiten von vornherein in die theoretische Konzeption der allgemeinen Zielsetzung einfließen und im erforderlichen Umfange berücksichtigt werden. Damit entstehen Beschreibungs- und Entwurfsmethoden, die prinzipiell von den durch die Technologie gegebenen Schaltungsstrukturen ausgehen.

d) Rechnender Raum. Schließlich sei noch kurz auf einen von ZUSE [5] geprägten Begriff hingewiesen: den *„rechnenden Raum"*. Hier handelt es sich um einen Gedanken, der das Problem der Modellbildung und darüber hinaus das Verhältnis der kybernetischen Systemtheorie insbesondere zur klassischen Physik in einem neuen Licht erscheinen läßt. Da wir die Idee von ZUSE in Abschnitt 4.3 aufgreifen und weiterentwickeln werden, soll hier nicht näher darauf eingegangen werden. Es sei nur so viel bemerkt, daß sich aus der hier entwickelten kybernetischen Theorie zellularer Systeme ein ganz natürlicher Zusammenhang zur Theorie der Systeme partieller Differenzengleichungen (bzw. partieller Differentialgleichungen bei Übergang zum Raum-Zeit-Kontinuum) herstellen läßt. Dieser Zusammenhang äußert sich in einfachen Beziehungen zwischen dem Typ der Differenzengleichung (Differentialgleichung) und der (durch charakteristische Funktionen fixierbaren) Struktur zellularer Systeme. Jedem physikalischen Prozeß, der Lösung irgendeines Systems partieller Differenzen- bzw. Differenzengleichungen ist, entspricht damit eine bestimmte Struktur des zellularen Raumes mit einer relativ einfachen Realisierungsvorschrift.

2. Systembeschreibung

In den folgenden Abschnitten wird nach Einführung der grundlegenden Begriffe, insbesondere des Ein- und Ausgaberaumes X und $\dot{Y}$, definiert, was unter einer kausalen (dynamischen) Abbildung

$$S: \dot{X} \to \dot{Y}$$

verstanden wird. Dazu wird auf $\dot{X}$ (und $\dot{Y}$) für jeden Zeitpunkt τ eine zweistellige Operation $\circ^\tau$ (Konkatenationsprodukt) eingeführt, so daß $\dot{X}$ als eine Menge mit Operatorbereich $\Omega = \mathbf{R} \times \dot{X}$ aufgefaßt werden kann. Die Übertragung der Operatoren $\omega \in \Omega$ auf $\dot{Y}^{\dot{X}}$ führt zum Begriff der von einer Menge $\mathbf{S}$ von Systemabbildungen S erzeugten Menge $\mathbf{S}^* = \mathbf{S}^*(\mathbf{S}) = \{S^* \mid S^* = \omega S,\, \omega \in \Omega,\, S \in \mathbf{S}\}$, deren Elemente ebenfalls Systemabbildungen sind.

Ein System $\mathfrak{S}$ wird dann zunächst als eine von den „Anfangsabbildungen" $\mathbf{S}$ erzeugte Menge $\mathbf{S}^*(\mathbf{S})$ von Systemabbildungen definiert.

Aus

$$S' = \omega S \quad \text{bzw.} \quad \dot{\boldsymbol{y}} = S(\dot{\boldsymbol{x}}) \quad (S,\, S' \in \mathbf{S}^*)$$

und insbesondere den Eigenschaften von $S \in \mathbf{S}^*$ ergibt sich dann die neue globale Beschreibung (z. Z. t)

$$S' = \boldsymbol{F}'(S,\, \boldsymbol{x},\, \tau,\, t) \quad \text{bzw.} \quad \dot{\boldsymbol{y}}(t) = \boldsymbol{G}'(S,\, \dot{\boldsymbol{x}},\, \tau,\, t),$$

die Zustandsbeschreibung mit dem Überführungsoperator $\boldsymbol{F}'$ und dem Ergebnisoperator $\boldsymbol{G}'$.

Für die weiteren Untersuchungen wird am Ende dieses Abschnittes noch eine zweckmäßige Interpretation der $S \in \mathbf{S}^*$ als räumliche Abbildungen $\dot{z}: R \to Z$ vorgenommen (mittels einer Bijektion $\lambda: \bar{\mathbf{S}}^* \leftrightarrow \dot{Z}^*$, $\bar{\mathbf{S}}^* = \mathbf{S}/\tau$).

Aus den im letzten Abschnitt definierten globalen Gleichungen

$$S' = \omega S \quad \text{und} \quad \dot{\boldsymbol{y}}(t) = S(\dot{\boldsymbol{x}})\,(t)$$

ergeben sich für jeden Ort r (und Zeitpunkt t) die lokalen Gleichungen

$$S'_{r,t} = (\omega S)_{r,t} \quad \text{und} \quad y = S_{r,t}(\dot{\boldsymbol{x}}),$$

bei denen nun berücksichtigt wird, daß die Ausbreitung der Eingabe $\dot{\boldsymbol{x}}$ nur mit endlicher Geschwindigkeit erfolgen kann.

Die Berücksichtigung dieses Phänomens führt auf eine Klasseneinteilung von $\dot{X}$ und $\dot{Y}$ und eine damit zusammenhängende Strukturfunktion φ, die ihrerseits gewisse Nachbarschaftsfunktionen definiert. Mit diesen Nachbarschaftsfunktionen werden gewisse Kopplungen eines Ortes mit seiner Umgebung und damit die mit der endlichen Ausbreitungsgeschwindigkeit von x zusammenhängenden Erscheinungen beschrieben.

Die durch die Klasseneinteilung von $\dot{X}$ erzeugte Faktorstruktur ergibt analog Abschnitt 2.1. die neuen lokalen Systemgleichungen: die lokale Überführungsfunktion F und die lokale Ergebnisfunktion g.

Abschließend wird eine algebraische Definition der zellularen Struktur $\mathfrak{S}$ gegeben. Das relativ umfangreiche System von Trägermengen und Relationen zur Definition von $\mathfrak{S}$ ist durch die vorangehenden Überlegungen motiviert.

2.1. *Globale Systembeschreibung*

a) Grundbegriffe. Die im letzten Abschnitt an Beispielen dargelegten Problemstellungen aus den verschiedensten Forschungsbereichen weisen — wenn man von den jeweiligen konkreten Anwendungen und inhaltlichen Bedeutungen absieht — eine Reihe von Gemeinsamkeiten auf. Es liegt nahe, zur Lösung dieser und ähnlicher Aufgabenstellungen eine einheitliche mathematische Beschreibung auszuarbeiten.

Solche Beschreibungen sind in letzter Zeit unter verschiedenen Bezeichnungen (*cellular automata, cellular array, iterative space* usw.) und unter Betonung verschiedener Aspekte (z. B. des biologischen oder des algebraischen Aspektes) bekannt geworden.

In dieser Ausarbeitung werden wir den durch die Beispiele in Abschnitt 1 umrissenen Problemkreis konsequent in der Denkweise der Kybernetik bzw. Systemtheorie darstellen und dabei den Begriff „*zellu-*

lares System" verwenden. Bei diesem Vorgehen wird nicht nur die Systemtheorie (speziell die Automatentheorie) auf natürliche Weise erweitert, sondern gleichzeitig eine Darstellung gegeben, die die bisher bekannten einschließt und in vieler Hinsicht erweitert.

Jede systemtheoretische Beschreibung eines Erscheinungskomplexes geht davon aus, daß zwischen *Eingaben* (Ursachen, *inputs*) und *Ausgaben* (Wirkungen, *outputs*) unterschieden werden kann, zwischen denen ein gewisser, durch das zellulare System vermittelter Zusammenhang besteht (vgl. hierzu die Beispiele aus Abschnitt 1).

Diese Ein- bzw. Ausgaben sind im einfachsten Fall Funktionen der (diskret oder stetig verlaufenden) Zeit t, in komplizierteren Fällen — wie bei den hier vorliegenden — außerdem Funktionen des Ortes r (im ein-, zwei- oder dreidimensionalen diskreten Raum).

Die Mengen, in denen die Wertebereiche dieser Funktionen oder Abbildungen liegen, werden wie folgt bezeichnet:

α) **Eingabealphabet** X: Nichtleere Menge, deren Elemente x *Eingabebuchstaben* genannt werden.

β) **Ausgabealphabet** Y: Nichtleere Menge, deren Elemente y *Ausgabebuchstaben* genannt werden.

Zur Beschreibung der Ein- und Ausgaben führen wir folgende Begriffe ein:

γ) **Zellularer Raum (Beobachtungsraum)** R: Nichtleere Menge, deren Elemente r *Gitterpunkte* von R genannt werden.

δ) **Zeitskala (Beobachtungszeit)** T: Nichtleere (linear geordnete) Teilmenge mit kleinstem Element t_0 aus $\bar{\mathbf{R}}$, deren Elemente t *Zeitpunkte* (t_0 *Anfangszeitpunkt*) genannt werden: $T = (T, \leqq, t_0)$. ($\mathbf{R}$: Menge der reellen Zahlen, $\bar{\mathbf{R}} = \mathbf{R} \cup \{+\infty, -\infty\}$).

ε) **Eingabewort (Eingabesignal)** x: Abbildung der Zeitskala T in das Eingabealphabet X:

$$x: T \to X, \quad x(t) = x^t = x. \tag{1}$$

ζ) Eine **Eingabe** $\dot{x}$ kann man dadurch definieren, daß man jedem Gitterpunkt r von R ein Eingabewort x zuordnet. Ist X eine nichtleere Menge von Eingabewörtern x (*Wort-* oder *Signalraum*), so gilt (Abb. 2.1)

$$\dot{x}: R \to X, \quad \dot{x}(r) = x^r = x \ . \tag{2}$$

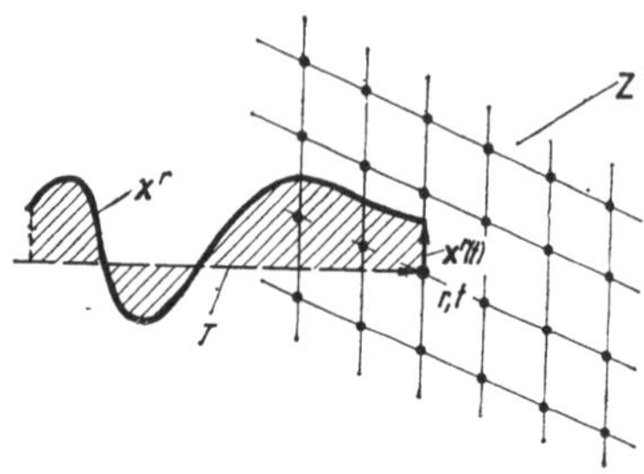

Abb. 2.1. Zellulares System mit Eingabe $\dot{x}$

Analoge Erklärungen gelten für die **Ausgabewörter** y bzw. Y und die **Ausgaben** $\dot{y}$.

Bedeuten $\dot{X}$ und $\dot{Y}$ nichtleere Mengen von Ein- und Ausgaben $\dot{x}$ und $\dot{y}$, so kann — in letzter Vereinfachung — ein zellulares System als Realisierung einer gewissen nichtleeren Menge S von Abbildungen

$$S: \dot{X} \to \dot{Y} \tag{3}$$

bezeichnet werden.

Damit eine Abbildungsmenge S durch ein (kausales) zellulares System auch wirklich realisiert werden kann, müssen die Elemente S von S bestimmten (Kausalitäts-) Bedingungen genügen. Zur Formulierung dieser Bedingungen macht sich eine Präzisierung und Ergänzung der im vorstehenden eingeführten Begriffe notwendig.

Anmerkung. Der unter γ) definierte zellulare Raum ist im wichtigsten Fall ein Raum mit diskreten Raumpunkten (abzählbares R). Man kann aber unter R auch z. B. das räumliche Kontinuum $\mathbf{R}^n$ ($n = 1, 2, 3$) verstehen, wobei die im folgenden entwickelte allgemeine systemtheoretische Konzeption in natürlicher Weise zu einer allgemeinen Theorie raumzeitlicher Vorgänge weitergeführt werden kann. Diese Theorie umfaßt dann spezielle physikalische (Feld-) Theorien als Sonderfall, z. B. die MAXWELLsche Theorie des elektromagnetischen Feldes (vgl. Abschnitt 4.3).

In diesem Buch werden wir uns nach Darlegung der allgemeinen Zusammenhänge aber vor allem der Theorie der Systeme mit abzählbarem R, also der Theorie zellularer Systeme im engeren Sinne, zuwenden.

b) Systemabbildung S. Den im letzten Abschnitt unter α) bis ζ) eingeführten Begriffen ist zunächst noch folgendes zuzufügen:

Die nichtleeren Alphabete X und Y können zwar beliebig gewählt werden, sind aber in den wichtigsten Fällen endlich (bei diskreter Zeit) oder mit $\mathbf{R}$ oder $\bar{\mathbf{R}}$ identisch (bei stetiger Zeit).

Die Wörter x aus X und y aus Y sind sämtlich auf der gleichen Zeitskala T definiert. Dabei ist T in den wichtigsten Fällen entweder ein halboffenes Intervall (mit dem kleinsten Element $\bar{t}_0$)

$$I = [\bar{t}_0,\, T_0), \quad (-\infty \leqq \bar{t}_0 < T_0 \leqq \infty) \qquad (4)$$

aus $\bar{\mathbf{R}}$ (Wort mit kontinuierlicher Zeit oder *Signal*) oder ein Ausschnitt $\mathbf{Z}_{\bar{t}_0, T_0}$ aus $\mathbf{Z}$ (Wort mit diskreter Zeit oder kurz *Wort*; $\mathbf{Z}$: Menge der ganzen Zahlen):

$$\mathbf{Z}_{\bar{t}_0, T_0} = \mathbf{Z} \cap [\bar{t}_0,\, T_0) \quad (T_0 \geqq \bar{t}_0 + 1)\,. \qquad (5)$$

In jedem Fall aber sei $T \subset \bar{\mathbf{R}}$ so gewählt, daß ein kleinstes Element $\bar{t}_0$ von T existiert.

Es ist möglich (und für manche Anwendungen auch wichtig), mehrere Zeitskalen einzuführen, insbesondere unterschiedliche Zeitskalen für die Ein- und Ausgaben (*Abtastsysteme, hybride Systeme*). Um aber die Darlegungen nicht noch mehr zu komplizieren, soll auf diese Verallgemeinerungsmöglichkeit wie auch auf den Fall, daß die Zeitskalen ortsabhängig sind (*Verbundsysteme*), nicht näher eingegangen werden.

Mit den Teilmengen

$$T_{\tau_1,\tau_2} = T \cap [\tau_1, \tau_2), \quad (\tau_1, \tau_2 \in \bar{\mathbf{R}}) \quad (\tau_1 \leqq \tau_2) \qquad (6\,\mathrm{a})$$

und speziell

$$T_{\tau_1} = T \cap [\tau_1, \infty), \quad T^{\tau_2} = T \cap [-\infty, \tau_2) \qquad (6\,\mathrm{b})$$

von T definieren wir noch die Einschränkungen (*Wortsegmente*)

$$\boldsymbol{x} \mid T_{\tau_1,\tau_2} = \boldsymbol{x}_{\tau_1,\tau_2} \quad (\textit{Segment} \text{ des Eingabewortes } \boldsymbol{x}) \quad (7\,\mathrm{a})$$

bzw.

$$\boldsymbol{x} \mid T_{\tau_1} = \boldsymbol{x}_{\tau_1}, \quad \boldsymbol{x} \mid T^{\tau_2} = \boldsymbol{x}^{(\tau_2)} \qquad (7\,\mathrm{b})$$

von $\boldsymbol{x}$, die für eine klare Fassung der Grundbegriffe und -eigenschaften der Theorie zellularer Systeme unentbehrlich sind.

Gelegentlich benötigen wir noch die Einschränkungen

$$\boldsymbol{x}_{[\tau_1,\tau_2]} = \boldsymbol{x} \mid T_{[\tau_1,\tau_2]}, \quad T_{[\tau_1,\tau_2]} = T \cap [\tau_1, \tau_2] \qquad (7\,\mathrm{c})$$

und speziell

$$\boldsymbol{x}_{[-\infty,\tau_2]} = \boldsymbol{x} \mid T_{[-\infty,\tau_2]}, \quad T_{[-\infty,\tau_2]} = T \cap [-\infty, \tau_2] \quad (7\,\mathrm{d})$$

sowie die Mengen $\boldsymbol{X}_{\tau_1,\tau_2}$, $\boldsymbol{X}_{\tau_1}$, $\boldsymbol{X}^{(\tau_2)}$ usw. aller Einschränkungen $\boldsymbol{x}_{\tau_1,\tau_2}$, $\boldsymbol{x}_{\tau_1}$ bzw. $\boldsymbol{x}^{(\tau_2)}$.

Sind die Teilmengen T_{τ_1,τ_2}, T_{τ_1}, T^{τ_2} leer, so sind auch die entsprechenden Einschränkungen leer (*leeres Segment*):

$$\boldsymbol{x} \mid \emptyset = \emptyset \,. \qquad (7\,\mathrm{e})$$

Entsprechende Symbole werden für die Ausgabewörter eingeführt (Abb. 2.2).

In vielen wichtigen Anwendungen ist der zellulare Raum R eine Teilmenge des diskreten Raumes $\mathbf{Z}^n$ ($n =$

$= 1, 2, 3$). Besonders der Fall $n = 2$ (*zweidimensionaler zellularer Raum*) hat wachsende Bedeutung in der modernen Informationstechnik bzw. -elektronik.

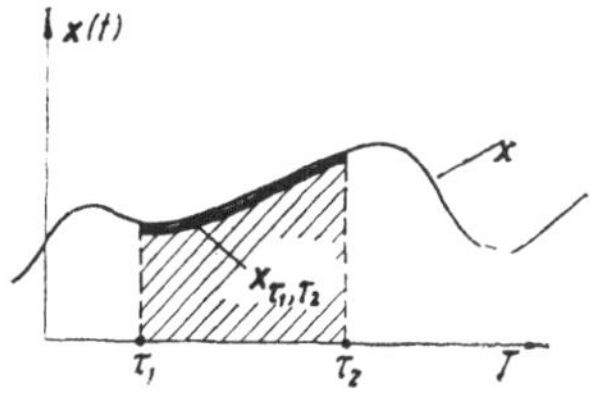

Abb. 2.2. Wortsegment x_{τ_1, τ_2}

Wir kommen nun zur genaueren Beschreibung von **S**.

Eine wichtige Bedingung für die Charakterisierung der zugelassenen Abbildungsmenge **S** ergibt sich dadurch, daß wir uns im weiteren auf kausale Vorgänge, d. h. auf *kausale* (dynamische) *zellulare Systeme*, beschränken werden. Bei solchen Systemen führen zwei Eingaben $\dot{x}_1$ und $\dot{x}'$, die auf T^τ übereinstimmen, auf Ausgaben $\dot{y}_1$ und $\dot{y}'$, die dort ebenfalls identisch sind. Damit ist genauer folgendes gemeint.

Überträgt man die in (7) definierten Worteinschränkungen auf die Ein- und Ausgaben, z. B.

$$\dot{x} \mid T_{\tau_1, \tau_2} = \dot{x}_{\tau_1, \tau_2} \colon R \to X_{\tau_1, \tau_2} \qquad (8)$$

definiert durch

$$(\dot{x} \mid T_{\tau_1, \tau_2})\,(r) = \dot{x}(r) \mid T_{\tau_1, \tau_2} = x^r_{\tau_1, \tau_2}\,.$$

so gilt also für kausale Systeme (Abb. 2.3)

$$(\dot{x}_1 \mid T^\tau = \dot{x}' \mid T^\tau) \Rightarrow S(\dot{x}_1) \mid T^\tau = S(\dot{x}') \mid T^\tau \qquad (9)$$

für alle $\dot{x}_1, \dot{x}' \in X$ und alle $\tau \in \bar{\mathbf{R}}$. Obiger Ausdruck bleibt richtig, wenn überall T^τ durch $T_{[-\infty, \tau]}$ ersetzt wird.

Diese wichtige Kausalitätsbedingung (9) soll nun noch auf eine für die weitere Systembeschreibung zweckmäßigere (algebraische) Form gebracht werden.

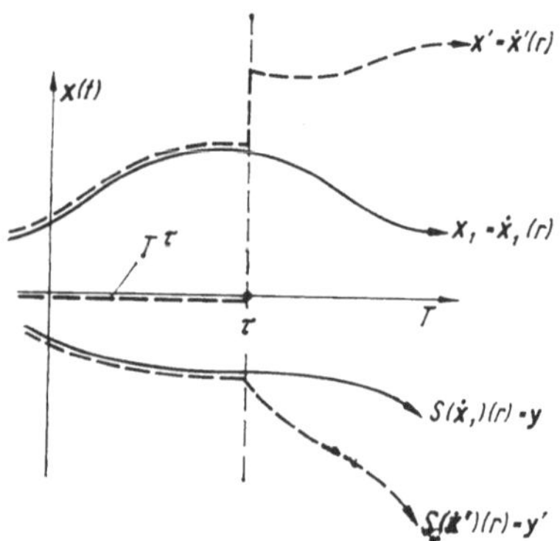

Abb. 2.3. Zum Begriff „Kausales System"

Ein Wort $x' \in X$ ist genau dann mit $x_1 \in X$ für alle $t \in T^\tau$ identisch $(x'^{(\tau)} = x_1^{(\tau)})$, wenn es die Form (Abb. 2.4)

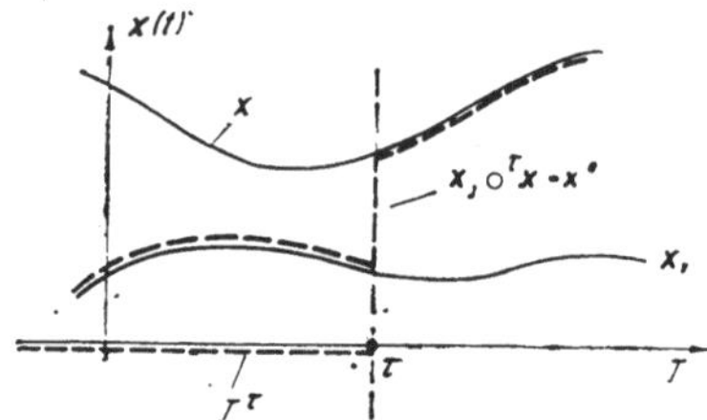

Abb. 2.4. Konkatenationsprodukt $x_1 \circ^\tau x$

$$x' = x_1 \circ^\tau x : (x_1 \circ^\tau x)(t) = \begin{cases} x_1(t) & (t \in T^\tau) \\ x(t) & (t \in T_\tau) \end{cases} \qquad (10\,\mathrm{a})$$

hat, worin x ein beliebiges Element aus X ist. Denn es ist offenbar

$$(x'^{(\tau)} = x_1^{(\tau)}) \Leftrightarrow (x' = x_1 \circ^\tau x') , \qquad (10\,\mathrm{b})$$

und die rechte Seite hat die allgemeine Lösung (10a).

Man faßt also x' als das Verknüpfungsergebnis (*Konkatenations-* oder *Verbindungsprodukt*) von x_1 mit einem beliebigen x aus X auf.

Überträgt man (10) auf Eingaben $\boldsymbol{x}$, wobei

$$\dot{\boldsymbol{x}}' = \dot{\boldsymbol{x}}_1 \circ^\tau \dot{\boldsymbol{x}} : R \to \boldsymbol{X} \qquad (11\,\mathrm{a})$$

definiert ist durch

$$(\dot{\boldsymbol{x}}_1 \circ^\tau \dot{\boldsymbol{x}})\,(r) = \dot{\boldsymbol{x}}_1(r) \circ^\tau \dot{\boldsymbol{x}}(r) = \boldsymbol{x}_1^r \circ^\tau \boldsymbol{x}^r , \qquad (11\,\mathrm{b})$$

so kann die Aussage (9) — da ihre linke Seite für $\dot{\boldsymbol{x}}' = \dot{\boldsymbol{x}}_1 \circ^\tau \dot{\boldsymbol{x}}$ immer wahr ist — durch

$$S(\dot{\boldsymbol{x}}_1 \circ^\tau \dot{\boldsymbol{x}}) \mid T^\tau = S(\dot{\boldsymbol{x}}_1) \mid T^\tau \qquad (12\,\mathrm{a})$$

oder besser mit (10b) durch

$$S(\dot{\boldsymbol{x}}_1 \circ^\tau \dot{\boldsymbol{x}}) = S(\dot{\boldsymbol{x}}_1) \circ^\tau S(\dot{\boldsymbol{x}}_1 \circ^\tau \dot{\boldsymbol{x}}) \qquad (12\,\mathrm{b})$$

ersetzt werden.

Für eine spätere Verwendung notieren wir an dieser Stelle noch die leicht zu verifizierenden

Rechenregeln: a) Für $\boldsymbol{x}_\nu \in \boldsymbol{X}$ $(\nu = 1, 2, 3)$, $\tau_\mu \in \bar{\bar{R}}$ $(\mu = 1, 2)$ und $\tau_1 \le \tau_2$ gilt das Assoziativgesetz

$$\begin{aligned}(\boldsymbol{x}_1 \circ^{\tau_1} \boldsymbol{x}_2) \circ^{\tau_2} \boldsymbol{x}_3 &= \boldsymbol{x}_1 \circ^{\tau_1} (\boldsymbol{x}_2 \circ^{\tau_2} \boldsymbol{x}_3)\\ &= \boldsymbol{x}_1 \circ^{\tau_1} \boldsymbol{x}_2 \circ^{\tau_2} \boldsymbol{x}_3 . \end{aligned} \qquad (13\,\mathrm{a})$$

Speziell für $\tau_1 = \tau_2 = \tau$ ist

$$(\boldsymbol{x}_1 \circ^\tau \boldsymbol{x}_2) \circ^\tau \boldsymbol{x}_3 = \boldsymbol{x}_1 \circ^\tau \boldsymbol{x}_3 \qquad (13\,\mathrm{b})$$

und für $\tau_1 > \tau_2$

$$\begin{aligned}(\boldsymbol{x}_1 \circ^{\tau_1} \boldsymbol{x}_2) \circ^{\tau_2} \boldsymbol{x}_3 &= \boldsymbol{x}_1 \circ^{\tau_2} \boldsymbol{x}_3 ,\\ \boldsymbol{x}_1 \circ^{\tau_1} (\boldsymbol{x}_2 \circ^{\tau_2} \boldsymbol{x}_3) &= \boldsymbol{x}_1 \circ^{\tau_1} \boldsymbol{x}_3 . \end{aligned} \qquad (13\,\mathrm{c})$$

b) Ist t_0 das kleinste Element von T, so gilt mit (10a)

$$\boldsymbol{x}_1 \circ^\tau \boldsymbol{x} = \begin{cases} \boldsymbol{x}_1 \circ^{t_0}\boldsymbol{x} = \boldsymbol{x}_{t_0} = \boldsymbol{x} & (T^\tau = \emptyset \Leftrightarrow \tau \le t_0)\\ \boldsymbol{x}_1 & (T_\tau = \emptyset) . \end{cases} \qquad (13\,\mathrm{d})$$

c) Die Regeln a) und b) lassen sich formal unverändert auf die Elemente $\dot{\boldsymbol{x}}$ aus $\dot{\boldsymbol{X}}$ übertragen.

Durch (12 b) wird eine besondere, die Kausalität des Zusammenhanges zwischen Ein- und Ausgabe zum Ausdruck bringende Eigenschaft einer Abbildung $S\colon \dot{X} \to \dot{Y}$ widergegeben. Diese Eigenschaft sondert aus der Menge $\mathfrak{F}(\dot{X}, \dot{Y})$ aller Abbildungen $F\colon \dot{X} \to \dot{Y}$ eine gewisse Teilmenge aus. Den Überlegungen in Zusammenhang mit (10) und (11) entsprechend dürfen wir annehmen, daß $\dot{X}$ bezüglich des Konkatenationsproduktes $\circ^\tau$ ($\tau \in \bar{\bar{\mathbf{R}}}$) *abgeschlossen* ist:

$$\dot{x} \in \dot{X}, \quad \dot{x}_1 \in \dot{X} \Rightarrow \dot{x} \circ^\tau \dot{x}_1 \in \dot{X} \tag{14}$$

für alle $\dot{x}_1, \dot{x} \in \dot{X}$ und alle $\tau \in \bar{\bar{\mathbf{R}}}$. Wegen (11) ist es im allgemeinen zweckmäßig, auch die $\circ^\tau$-Abgeschlossenheit von X vorauszusetzen.

Abgeschlossen sind z. B. jede einelementige Menge $X = \{x\}$ und die Menge $\mathfrak{F}(T, X)$ aller Abbildungen $T \to X$.

Def. 1.: Eine Abbildung $F\colon \dot{X} \to \dot{Y}$ von der bez. $\circ^\tau$ abgeschlossenen Menge $\dot{X}$ von Eingaben $\dot{x}$ in die Menge $\dot{Y}$ von Ausgaben $\dot{y}$ heißt *Systemabbildung* S, wenn gilt

$$S(\dot{x} \circ^\tau \dot{x}_1) = S(\dot{x}) \circ^\tau S(\dot{x} \circ^\tau \dot{x}_1) \tag{15}$$

für alle $\dot{x}, \dot{x}_1 \in \dot{X}$ und alle $\tau \in \bar{\bar{\mathbf{R}}}$.

Im folgenden bezeichnet $\mathbf{S}$ immer eine Teilmenge der Menge $\mathbf{S}_g$ aller Systemabbildungen S aus $\mathfrak{F}(\dot{X}, \dot{Y})$, wobei $\mathbf{S}$ im Sonderfall nur ein Element, im allgemeinen aber mehrere (unendlich viele) Elemente enthält.

c) Systemabbildungen $S_{\dot{x},\tau}$. Wir kommen nun zu einer wichtigen Erweiterung der Menge $\mathbf{S}$ von Systemabbildungen S.

Ist $S \in \mathbf{S}$ und $\mathbf{S}$ die zu einem gegebenen zellularen System gehörende Menge von Systemabbildungen, so kann man die für alle $\dot{x} \in \dot{X}$ und $\tau \in \bar{\bar{\mathbf{R}}}$ existierende Abbildung

$$S(\dot{x} \circ^\tau \cdot) = S_{\dot{x},\tau}\colon \dot{X} \to \dot{Y}, \tag{16}$$

definiert durch

$$S_{\dot{x},\tau}(\dot{x}') = S(\dot{x} \circ^\tau \dot{x}') \quad (\dot{x}' \in \dot{X}), \tag{17}$$

betrachten. Für diese Abbildungen $S_{\dot{x},\tau}$ gilt

Satz 1: *Mit $S \in \mathbf{S}$ ist auch $S_{x,\tau}$ für alle $\dot{x} \in \dot{X}$ und alle $\tau \in \overline{\mathbf{R}}$ eine Systemabbildung.*

Beweis: α) Für $\tau' \geqq \tau$ ($\tau, \tau' \in \overline{\mathbf{R}}$, $\dot{x}_1, \dot{x}_2 \in \dot{X}$) ist mit (13) und (17)

$$S_{\dot{x},\tau}(\dot{x}_1 \circ^{\tau'} \dot{x}_2) = S\left[\dot{x} \circ^\tau (\dot{x}_1 \circ^{\tau'} \dot{x}_2)\right] = S[(\dot{x} \circ^\tau \dot{x}_1) \circ^{\tau'} \dot{x}_2] .$$

Mit (15) und (13) folgt aus dem letzten Ausdruck auf der rechten Seite

$$S(\dot{x} \circ^\tau \dot{x}_1) \circ^{\tau'} S(\dot{x} \circ^\tau \dot{x}_1 \circ^{\tau'} \dot{x}_2)$$

und damit

$$S_{\dot{x},\tau}(\dot{x}_1 \circ^{\tau'} \dot{x}_2) = S_{\dot{x},\tau}(\dot{x}_1) \circ^{\tau'} S_{\dot{x},\tau}(\dot{x}_1 \circ^{\tau'} \dot{x}_2) . \tag{18}$$

β) Ist $\tau' < \tau$, so gilt für (18) mit (13c):
Linke Seite: $S\left[\dot{x} \circ^\tau (\dot{x}_1 \circ^{\tau'} \dot{x}_2)\right] = S(\dot{x} \circ^\tau \dot{x}_2)$;
Rechte Seite: $S(\dot{x} \circ^\tau \dot{x}_1) \circ^{\tau'} S(\dot{x} \circ^\tau \dot{x}_2)$.

Beide Seiten von (18) sind offensichtlich für alle Zeiten $t > \tau'$ identisch, ebenso aber auch für $t \leqq \tau'$, wo beide Seiten mit $S(\dot{x})$ übereinstimmen.

Damit gilt (18) allgemein, und der Satz 1 ist bewiesen.

Aus Satz 1 folgt sofort, daß mit $S_{\dot{x}_1,\tau_1}$ auch

$$(S_{\dot{x}_1,\tau_1})_{\dot{x}_2,\tau_2}, \quad ([S_{\dot{x}_1,\tau_1}]_{\dot{x}_2,\tau_2})_{\dot{x}_3,\tau_3} \quad \text{usw.}$$

Systemabbildungen darstellen. Dabei ist zu beachten, daß $S_{\dot{x}_1,\tau_1}(\dot{x})$ von $(\dot{x})^{(\tau_1)}$ und $S_{\dot{x}_1,\tau_1}$ von $(\dot{x}_1)_{\tau_1}$ unabhängig ist:

$$(\dot{x}_1)_{\tau_1} = (\dot{x}_2)_{\tau_1} \Rightarrow S_{\dot{x}_1,\tau_1}(\dot{x}_1) = S_{\dot{x}_1,\tau_1}(\dot{x}_2) , \tag{19a}$$

$$(\dot{x}_1)^{(\tau_1)} = (\dot{x}_2)^{(\tau_1)} \Rightarrow S_{\dot{x}_1,\tau_1} = S_{\dot{x}_2,\tau_1} . \tag{19b}$$

Wegen (13d) — übertragen auf die Elemente von $\dot{X}$ — ist, wenn t_0 das kleinste Element von T bezeichnet,

$$S_{\dot{x}_1,\tau} = S_{\dot{x}_1,t_0} = S \tag{19c}$$

für alle $\dot{x}_1 \in \dot{X}$ und alle $\tau \leqq t_0$.

Ist T_τ leer, so ist $S_{\dot{x},\tau}$ eine konstante Abbildung: $S_{\dot{x},\tau}(\dot{x}_1) = S(\dot{x})$ für alle $\dot{x}_1 \in \dot{X}$ (vgl. (13 d)).

(19 a) kann physikalisch so gedeutet werden: Während für die Abbildungen S die Eingaben $\dot{x}$ auf der ganzen Zeitskala T bekannt sein müssen, ordnen die Abbildungen $S_{\dot{x},\tau}$ auch solchen Eingaben $\dot{x}$ eine Ausgabe $\dot{y}$ zu, deren Werteverlauf nur auf der Teilskala T_τ bekannt ist.

Jedem Zeitpunkt $\tau \in \bar{\mathbf{R}}$ ist (vermöge $S_{\bar{\mathbf{R}}}$) die Menge

$$S^\tau = S_{\dot{x},\tau} = \{S_{\dot{x},\tau} \mid S \in \mathbf{S},\ \dot{x} \in \dot{X}\} \qquad (20\,\text{a})$$

der Systemabbildungen $S_{\dot{x},\tau}$ zugeordnet, speziell dem Anfangszeitpunkt $\bar{t}_0$ die Menge $\mathbf{S} = \mathbf{S}^{\bar{t}_0}$ der *Anfangs-abbildungen* $S \in \mathbf{S}$:

$$S_{\bar{\mathbf{R}}} : \bar{\mathbf{R}} \to \mathfrak{P}(\cup_\tau \mathbf{S}^\tau) \qquad (20\,\text{b})$$

mit

$$S_{\bar{\mathbf{R}}}(\tau) = \mathbf{S}^\tau, \quad S_{\bar{\mathbf{R}}}(\bar{t}_0) = \mathbf{S}^{\bar{t}_0} = \mathbf{S}\ . \qquad (20\,\text{c})$$

$\mathbf{S}^\tau$ ist die Menge der möglichen Systemabbildungen zur Zeit $\tau \in \bar{\mathbf{R}}$ ($\mathfrak{P}$: Potenzmenge).

Da ein gegebenes zellulares System mit $S \in \mathbf{S}$ auch alle Systemabbildungen $S_{\dot{x},\tau}$ ($\dot{x} \in \dot{X}$, $\tau \in \bar{\mathbf{R}}$) realisiert, werden wir $\mathbf{S}$ so erweitern, daß mit S auch immer $S_{\dot{x},\tau}$ zur erweiterten Menge gehört. Eine so erweiterte Menge $\mathbf{S}^* \supset \mathbf{S}$ genügt dann einer gewissen *Abgeschlossenheits-bedingung*, die sich deutlicher machen läßt, wenn man noch auf $\dot{X}$ die *ω-Operatoren* (Abbildungen) $\omega_{\dot{x},\tau}$, definiert für alle $\dot{x} \in \dot{X}$ und $\tau \in \bar{\mathbf{R}}$ durch

$$\omega_{\dot{x},\tau}(\dot{x}') = \dot{x} \circ^\tau \dot{x}'\ , \qquad (21\,\text{a})$$

einführt. Dann kann wegen

$$S\,(\dot{x} \circ^\tau \dot{x}') = S[\omega_{\dot{x},\tau}(\dot{x}')] = (\omega_{\dot{x},\tau}S)\,(\dot{x}') \qquad (21\,\text{b})$$
$$= S_{\dot{x},\tau}(\dot{x}')$$

die an $\mathbf{S}^*$ zu stellende Forderung so formuliert werden:

$$S \in \mathbf{S}^* \Rightarrow \omega_{\dot{x},\tau}S \in \mathbf{S}^* \quad (\dot{x} \in \dot{X},\ \tau \in \bar{\mathbf{R}})\ . \qquad (21\,\text{c})$$

In Worten: Mit $S \in \mathbf{S}^*$ ist auch für alle $\dot{x} \in \dot{X}$, $\tau \in \bar{\mathbf{R}}$ die Abbildung $\omega_{\dot{x},\tau} S = S_{\dot{x},\tau} \in \mathbf{S}^*$, d. h., die Erweiterung $\mathbf{S}^*$ der zu einem zellularen System gehörenden Menge $\mathbf{S}$ von Systemabbildungen S ist bezüglich der Multiplikation mit den ω-Operatoren $\omega_{\dot{x},\tau}$ ($\dot{x} \in \dot{X}$, $\tau \in \bar{\mathbf{R}}$) abgeschlossen, oder kürzer: $\mathbf{S}^*$ ist *ω-abgeschlossen.*

Weiterhin sei stets $\mathbf{S}^*$ in diesem Sinne als ω-abgeschlossen vorausgesetzt.

Aus (20) und (21) entnimmt man noch, daß die (Links-)Multiplikation von S mit den Operatoren $\omega_{\dot{x},\tau}$ mit der *Komposition (Verkettung)* der Abbildungen $\omega_{\dot{x},\tau}$ und S identisch ist.

Ein wichtiger Zusammenhang zwischen den Abbildungen aus der ω-abgeschlossenen Menge $\mathbf{S}^*$ ergibt sich aus

Satz 2: *Für alle $S \in \mathbf{S}^*$, $\dot{x}_\nu \in \dot{X}$, $\tau_\nu \in \bar{\mathbf{R}}$ ($\nu = 1, 2, 3$) ist*

$$(S_{\dot{x}_1,\tau_1})_{\dot{x}_2,\tau_2} = \begin{cases} S_{\dot{x}_1 \circ \tau_1 \dot{x}_2, \tau_2} & (\tau_1 < \tau_2) \\ S_{\dot{x}_1,\tau_1} & (\tau_1 \geqq \tau_2). \end{cases} \qquad (22\,\mathrm{a})$$

Beweis: Es ist mit (13)

$$\begin{aligned} (S_{\dot{x}_1,\tau_1})_{\dot{x}_2,\tau_2}(x) &= S_{\dot{x}_1,\tau_1}(\dot{x}_1 \circ^{\tau_2} \dot{x}) = S[\dot{x}_1 \circ^{\tau_1} (\dot{x}_2 \circ^{\tau_2} \dot{x})] \\ &= \begin{cases} S_{\dot{x}_1 \circ \dot{x}_2, \tau_2}(\dot{x}) & (\tau_1 < \tau_2) \\ S_{\dot{x}_1,\tau_1}(\dot{x}) & (\tau_1 \geqq \tau_2) \end{cases} \end{aligned}$$

für alle $\dot{x} \in \dot{X}$. Daraus folgt aber bereits das Behauptete.

Für ω-abgeschlossene und $\mathbf{S}$ enthaltende Mengen $\mathbf{S}^*$ gilt noch

Satz 3: *Die mit (20 a) gebildete Menge*

$$\mathbf{S}^* = \mathbf{S}^*(\mathbf{S}) = \bigcup_{\tau \in \bar{\mathbf{R}}} \mathbf{S}^\tau \qquad (22\,\mathrm{b})$$

ist ω-abgeschlossen und unter allen Mengen $\mathbf{S}^*$ die kleinste.

Beweis: Aus $S' \in \mathbf{S}^*$ folgt $S' \in \mathbf{S}^\tau$ ($\tau \in \bar{\mathbf{R}}$) und damit $S' = S_{\dot{x},\tau}$ ($\dot{x} \in \dot{X}$, $\tau \in \bar{\mathbf{R}}$, $S \in \mathbf{S}$). Ist $\dot{x}_1 \in \dot{X}$, $\tau_1 \in \bar{\mathbf{R}}$, so gehört mit Satz 2 auch $\omega_{\dot{x}_1,\tau_1} S_{\dot{x},\tau}$ zu S^*:

$$\omega_{\dot{x}_1,\tau_1} S_{\dot{x},\tau} = (S_{\dot{x},\tau})_{\dot{x}_1,\tau_1} \in \begin{cases} S^{\tau_1} & (\tau < \tau_1) \\ S^{\tau} & (\tau \geqq \tau_1) \end{cases}.$$

Es sei $S_1^* \subset S^*$. Ist $S \in S^*$, so ist wegen $S = S'_{\dot{x},\tau} = \omega_{\dot{x},\tau} S'$ $(S' \in S)$ und der Abgeschlossenheit von S_1^* auch $S \in S_1^*$; also $S_1^* \supset S^*$, d. h. $S_1^* = S^*$.

Im weiteren soll unter S^* immer diese kleinste abgeschlossene Menge $S^*(S)$ (die von S *erzeugte* ω-abgeschlossene Menge von Systemabbildungen) verstanden werden.

$S^*(S)$ umfaßt die Menge aller überhaupt möglichen Systemabbildungen, die aus den Anfangsabbildungen S (durch Einwirkung von $\dot{x} \in \dot{X}$) erzeugt werden können.

Die vorstehenden Darlegungen fassen wir nun wie folgt zusammen.

Def. 2: Ein (kausales, dynamisches) abstraktes zellulares System ist eine *algebraische Struktur*

$$\mathfrak{S} = (X, Y, \boldsymbol{X}, \boldsymbol{Y}, \dot{X}, \dot{Y}, S, R, T) \tag{23}$$

mit folgenden Eigenschaften.

α) X und Y sind nichtleere Mengen (Eingabe- und Ausgabealphabet) mit den Elementen (Buchstaben) x und y

β) T ist eine nichtleere Teilmenge von $(\bar{\boldsymbol{R}}, \leqq)$ (Zeitskala) mit den Elementen (Zeitpunkten) t und dem kleinsten Element (Anfangszeitpunkt) t_0.

γ) $\boldsymbol{X}$ und $\boldsymbol{Y}$ sind nichtleere Mengen von Wörtern (Signalen)

$$\boldsymbol{x}: T \to X, \quad \boldsymbol{y}: T \to Y$$

über den Alphabeten X und Y. $\boldsymbol{X}$ ist bezüglich des Konkatenationsproduktes $\circ^\tau$ $(\tau \in \bar{\boldsymbol{R}})$ abgeschlossen.

δ) R ist eine nichtleere Menge mit den Elementen (Gitterpunkten) r.

ε) $\dot{X}$ und $\dot{Y}$ sind nichtleere Mengen von Raumwörtern

$$\dot{x}: R \to X, \quad \dot{y}: R \to Y$$

über den Worträumen X und Y. $\dot{X}$ ist bezüglich der $\circ^\tau$-Operation abgeschlossen.

ζ) $\boldsymbol{S}$ ist eine Menge von Systemabbildungen

$$S: \dot{X} \to \dot{Y}, \quad S(\dot{x}) = \dot{y}.$$

Das Tripel $(\boldsymbol{S}, \dot{X}, \bar{\mathbf{R}})$ erzeugt die ω-abgeschlossene Menge $\boldsymbol{S}^* = \boldsymbol{S}^*(\boldsymbol{S})$ der Systemabbildungen $S_{x,\tau}$.

Dieser als vorläufig zu betrachtende globalen System-definition werden wir im weiteren noch eine präzisere (lokale) Form geben, wobei wir vor allem berücksichtigen müssen, daß zwischen der Ursache $\dot{x}(r)\,(t)$ am Gitter-punkt r z. Z. t und der zugehörigen Wirkung $\dot{y}(r')\,(t')$ eine (von r und r' abhängige) Zeitverschiebung $t' - t$ ($t < t'$) besteht.

Zunächst aber sollen die wichtigsten Zusammenhänge zwischen den Systemabbildungen $\dot{x}$, $\dot{y}$ und $S \in \boldsymbol{S}^*$ soweit dargelegt werden, wie sie sich als Folgerungen aus Def. 2 ergeben.

d) Globale Abbildungen $\boldsymbol{F}$ und $\boldsymbol{G}$. Es sei $\mathfrak{S}$ ein zellu-lares System im Sinne von Def. 2, insbesondere $\boldsymbol{S}$ die zugehörige Menge von Systemabbildungen.

Wir führen noch folgenden Begriff ein:

$$\dot{x}(t) = \dot{x}^t : R \to X \quad (t \in T), \qquad (24\,\mathrm{a})$$

definiert durch

$$\dot{x}(t)\,(r) = \dot{x}(r)\,(t) = x^{r,t} \in X, \qquad (24\,\mathrm{b})$$

heißt *Eingabekonfiguration* z. Z. t und ist Element des (Eingabe-)*Konfigurationsraumes*

$$\dot{X}^t = \{\dot{x}(t) \mid \dot{x} \in \dot{X}\}, \quad (t \in T). \qquad (24\,\mathrm{c})$$

Analog ist die *Ausgabekonfiguration* $\dot{y}(t): R \to Y$, $\dot{y}^t \in \dot{Y}^t$ definiert.

Es sei mit (20 a)

$$S^\tau = \{S_{\dot{x},\tau} \mid S \in \boldsymbol{S} \wedge \dot{x} \in \dot{X}\}, \quad (\tau \in \bar{\mathbf{R}}). \qquad (24\,\mathrm{d})$$

Ist dann $S' \in \mathbf{S}^{\tau}$, so gibt es immer (mindestens) ein $S \in \mathbf{S}$ und ein $\dot{x} \in \dot{\mathbf{X}}$, so daß $S' = S_{\dot{x},\tau}$. Es gilt sogar

Satz 4: *Jedem $S' \in \mathbf{S}^{\tau}$ ($\tau \in \bar{\bar{\mathbf{R}}}$) läßt sich eineindeutig eine nichtleere Teilmenge*

$$M'_{\tau} \subset \mathbf{S} \times \dot{\mathbf{X}}$$

so zuordnen, daß für alle $(S, \dot{x})$ aus M'_{τ} gilt

$$S_{\dot{x},\tau} = S'.$$

Beweis: Jedem $\tau \in \bar{\bar{\mathbf{R}}}$ ist die Abbildung

$$\psi_{\tau}: \mathbf{S} \times \dot{\mathbf{X}} \to \mathbf{S}^*$$

mit der Definitionsgleichung

$$\psi_{\tau}(S, \dot{x}) = S_{\dot{x},\tau} = S'$$

zugeordnet. Es ist $\mathbf{S}^{\tau} = S_{\dot{x},\tau} \subset \mathbf{S}^*$ der Nachbereich von ψ_{τ}, und es sei $[\mathbf{S} \times \dot{\mathbf{X}}]/_{\tau}$ die von ψ_{τ} erzeugte Klasseneinteilung in $\mathbf{S} \times \dot{\mathbf{X}}$ mit den nichtleeren Klassen $[S, \dot{x}]_{\tau}$. Dann existiert eine eineindeutige Abbildung

$$\eta_{\tau}: [\mathbf{S} \times \dot{\mathbf{X}}]/_{\tau} \leftrightarrow \mathbf{S}^{\tau}$$

mit (vgl. Abb. 2.5)

$$\eta_{\tau}([S, \dot{x}]_{\tau}) = S', \quad S' \in \mathbf{S}^{\tau}.$$

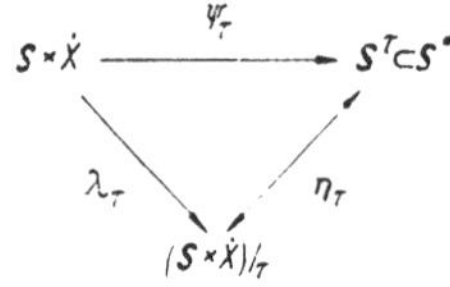

Abb. 2.5. Zerlegung der Abbildung ψ_{τ}

η_{τ} ist eindeutig durch die Faktorisierung von $\psi_{\tau} = \lambda_{\tau}\eta_{\tau}$ gegeben, worin λ_{τ} die zu ψ_{τ} gehörende kanonische Abbildung ist:

$$\lambda_{\tau}(S, \dot{x}) = [S, \dot{x}]_{\tau}.$$

Setzt man

$$[S, \dot{\boldsymbol{x}}]_\tau = \eta_\tau^{-1}(S') = M'_\tau$$

und berücksichtigt mit Vorstehendem

$$S' = \eta_\tau[\lambda_\tau(S, \dot{\boldsymbol{x}})] = (\lambda_\tau \eta_\tau)\,(S, \dot{\boldsymbol{x}}) = \psi_\tau(S, \dot{\boldsymbol{x}}) = S_{\dot{\boldsymbol{x}}, \tau}\,,$$

so ist der Satz bewiesen.

Es seien $\dot{\boldsymbol{x}}_1$ und $\dot{\boldsymbol{x}}$ und damit auch $\dot{\boldsymbol{x}}_1 \circ^\tau \dot{\boldsymbol{x}}$ Eingaben aus $\dot{\boldsymbol{X}}$ $(\tau \geqq t_0,\ t \in T)$. Ist $\dot{\boldsymbol{y}}(t)$ $(t \geqq \tau)$ die zugehörige Ausgabekonfiguration, so gilt mit $S \in \boldsymbol{S}$

$$\dot{\boldsymbol{y}}(t) = S\,(\dot{\boldsymbol{x}}_1 \circ^\tau \dot{\boldsymbol{x}})\,(t) = S_{\dot{\boldsymbol{x}}_1, \tau}(\dot{\boldsymbol{x}})\,(t)\,. \qquad (25\,\mathrm{a})$$

Danach ist mit (9) und (19) $\dot{\boldsymbol{y}}(t)$ eine Funktion G' von $S_{\dot{\boldsymbol{x}}_1, \tau},\ \dot{\boldsymbol{x}}_{[\tau, t]}$ und t bzw. mit Satz 4 von $S',\ \dot{\boldsymbol{x}},\ \tau$ und t:

$$\dot{\boldsymbol{y}}(t) = \dot{\boldsymbol{y}}^t = \boldsymbol{G}'(S', \dot{\boldsymbol{x}}, \tau, t)\,. \qquad (25\,\mathrm{b})$$

Dabei ist $S' \in \boldsymbol{S}^\tau$ und

$$\boldsymbol{G}' : \boldsymbol{S}^* \times \boldsymbol{X} \times T^2 \to \dot{\boldsymbol{Y}} \qquad (26\,\mathrm{a})$$

mit Satz 4 durch

$$\boldsymbol{G}'(S', \dot{\boldsymbol{x}}, \tau, t) = S'(\dot{\boldsymbol{x}})\,(t), \quad S' = S_{\dot{\boldsymbol{x}}_1, \tau} \in \boldsymbol{S}^\tau \qquad (26\,\mathrm{b})$$

und

$$(S, \dot{\boldsymbol{x}}_1) \in M'_\tau \qquad (26\,\mathrm{c})$$

definiert. Mit (9) besteht die Bedingung

$$\boldsymbol{G}'(S', \dot{\boldsymbol{x}}_1, \tau, t) = \boldsymbol{G}'(S', \dot{\boldsymbol{x}}_2, \tau, t) \qquad (26\,\mathrm{d})$$

für

$$\dot{\boldsymbol{x}}_{1[\tau, t]} = \dot{\boldsymbol{x}}_{2[\tau, t]}\,. \qquad (26\,\mathrm{e})$$

Wir notieren (25 b) noch speziell für $\tau = t$.

Mit (25 a) ist dann $\dot{\boldsymbol{y}}^t$ eine Funktion von $S',\ \dot{\boldsymbol{x}}_{[\tau, \tau]}$ und τ. Für

$$\dot{\boldsymbol{x}}_{[\tau, \tau]} = \dot{\boldsymbol{x}} \mid \{\tau\} \quad (\tau \in T) \qquad (27)$$

ergibt sich mit (9), $\dot{\boldsymbol{x}} = \{(\tau, \dot{\boldsymbol{x}}(\tau))\}_{\tau \in T}$ und (24)

$$\dot{\boldsymbol{x}}_{[\tau,\tau]}(r) = (\dot{\boldsymbol{x}}(r))_{[\tau,\tau]} = \boldsymbol{x}^r \mid \{\tau\}$$
$$= \{(\tau, \boldsymbol{x}^r(\tau))\} = \{(\tau, \dot{\boldsymbol{x}}(\tau)\,(r))\}\ .$$

Damit ist

$$\dot{\boldsymbol{x}}_{[\tau,\tau]} = \{(\tau, \dot{\boldsymbol{x}}(\tau))\} \tag{28a}$$

mit

$$\dot{\boldsymbol{x}}_{[\tau,\tau]}(r) = \{(\tau, \dot{\boldsymbol{x}}(\tau)\,(r))\} \tag{28b}$$

durch die Konfiguration $\dot{\boldsymbol{x}}(\tau) = \dot{x}^\tau$ an der Stelle $\tau = t$ völlig bestimmt, d. h., mit (25) und (26) gilt einfacher

$$\dot{y} = \dot{y}^t = \boldsymbol{G}'(S', \dot{\boldsymbol{x}}, t, t) = \boldsymbol{g}'(S', \dot{x}, t)\ , \tag{29a}$$

wobei

$$\boldsymbol{g}' : \boldsymbol{S}^* \times \dot{X} \times T \rightarrow \dot{\boldsymbol{Y}} \tag{29b}$$

mit (26 b) und (29 a) durch $\dot{\boldsymbol{x}} = \{(t, \dot{x})\}$ und

$$\boldsymbol{g}'(S', \dot{x}, t) = S'(\dot{\boldsymbol{x}})\,(t), \quad S' = S_{\dot{x}_1, t} \tag{29c}$$

definiert ist.

Nach (29) ist in jedem Zeitpunkt $t \in T$ die Ausgabekonfiguration $\dot{y}$ nur eine Funktion der Eingabekonfiguration $\dot{x} = \dot{x}^t$ und der Systemabbildung $S' \in \boldsymbol{S}^t$.

Zur Bestimmung der Ausgabe z. Z. t ist die Kenntnis der Vergangenheit der Eingabe nicht erforderlich, sofern $S' \in \boldsymbol{S}^t$ bekannt ist.

Die nachstehenden Überlegungen zeigen, durch welche Beziehungen die $S' \in \boldsymbol{S}^t$ verknüpft sind.

Bei gegebenem $S \in \boldsymbol{S}$ ist mit (19) $S_{\dot{x}, \tau}$ nur eine Funktion der Eingabe $\dot{\boldsymbol{x}}$ im Intervall $[t_0, \tau)$, d. h. eine Funktion von $\dot{\boldsymbol{x}}^{(\tau)}$. S wird — so kann man interpretieren — durch Einwirkung von $\dot{\boldsymbol{x}}$ ständig verändert und geht, beginnend mit $S = S_{\dot{x}, t_0}$ im Anfangszeitpunkt t_0, in $S_{\dot{x}, \tau}$ im Zeitpunkt τ über. Man kann auch sagen: $S_{\dot{x}, \tau}$

ist der *Zustand* der Anfangsabbildung $S = S_{\dot{x}, t_0} \in \mathbf{S}$ im Zeitpunkt τ nach Einwirkung von $\dot{x}$.

Wie erwähnt, ist die Menge der möglichen Abbildungszustände von $S \in \mathbf{S}$ z. Z. $\tau > t_0$ durch

$$\mathbf{S}^\tau = \{ S_{\dot{x}, \tau} \mid \dot{x} \in \dot{\mathbf{X}}, \, S \in \mathbf{S} \} \subset \mathbf{S}^*$$

gegeben, und die Gesamtheit aller überhaupt möglichen Abbildungszustände $S_{\dot{x}, \tau}$ wird mit (22 b) durch $\mathbf{S}^*$ dargestellt.

Bemerkt sei noch, daß die Mächtigkeit von $\mathbf{S}^\tau$ echt von τ abhängen kann, wobei natürlich immer $\mathbf{S}^\tau \subset \mathbf{S}^*$ sein muß. $\mathbf{S}^{\tau_1} \cap \mathbf{S}^{\tau_2} \, (\tau_1 \neq \tau_2)$ kann leer sein oder auch nicht, d. h., eine durch $S_{\dot{x}, \tau_3}$ dargestellte Abbildung aus $\mathbf{S}^*$ kann sowohl zu $\mathbf{S}^{\tau_1}$ als auch zu $\mathbf{S}^{\tau_2}$ gehören (aus $S_1 \neq S_2$, $\dot{x}_1 \neq \dot{x}_2$, $\tau_1 \neq \tau_2$ folgt nicht $S_{1 \dot{x}_1, \tau_1} \neq S_{2 \dot{x}_2, \tau_2}$; vgl. Abb. 2.6).

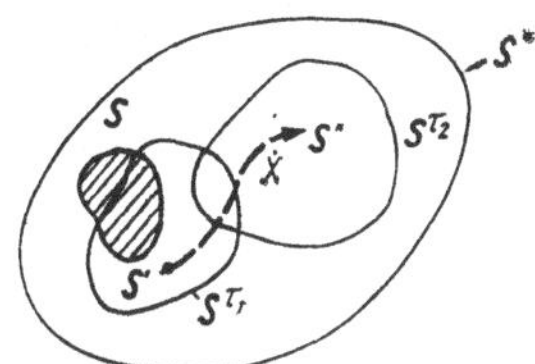

Abb. 2.6. Zum Begriff „Zustand einer Systemabbildung S"

Für die zu verschiedenen Zeiten angenommenen Zustände $S_{\dot{x}, \tau}$ der Abbildung S besteht nach Satz 2 ein Zusammenhang. Es gilt mit (22) für $\tau_2 > \tau_1$ und $S \in \mathbf{S}^*$

$$S_{\dot{x}', \tau_2} = S_{\dot{x}_1 \circ^{\tau_1} \dot{x}, \tau_2} = (S_{\dot{x}_1, \tau_1})_{\dot{x}, \tau_2} \quad (\dot{x}' = \dot{x}_1 \circ^{\tau_1} \dot{x}) \, . \quad (30\,\mathrm{a})$$

$S_{\dot{x}', \tau_2}$ ist also eine Funktion $\mathbf{F}'$ von $S_{\dot{x}_1, \tau_1}$, $\dot{x}_{\tau_1, \tau_2}$ und τ_2 (vgl. (9) und (19)) bzw. von $S_{\dot{x}_1, \tau_1}$, $\dot{x}$, τ_1 und τ_2. Man kann also für $\tau_2 > \tau_1$ setzen

$$S_{\dot{x}', \tau_2} = \mathbf{F}'(S_{\dot{x}_1, \tau_1}, \dot{x}, \tau_1, \tau_2) \qquad (30\,\mathrm{b})$$

oder einfacher (vgl. Abb. 2.6)

$$S'' = \mathbf{F}'(S', \dot{x}, \tau_1, \tau_2) \, . \qquad (30\,\mathrm{c})$$

Dabei ist mit Satz 4

$$S' \in \mathbf{S}^{\tau_1}, \quad S'' \in \mathbf{S}^{\tau_2} \quad (\tau_1, \tau_2 \in \bar{\mathbf{R}}) \qquad (31\,\mathrm{a})$$

und

$$\boldsymbol{F}' : \mathbf{S}^* \times \dot{\boldsymbol{X}} \times \bar{\mathbf{R}}^2 \rightarrow \mathbf{S}^* \qquad (31\,\mathrm{b})$$

die durch

$$\boldsymbol{F}'(S', \dot{\boldsymbol{x}}, \tau_1, \tau_2) = S'_{\dot{\boldsymbol{x}}, \tau_2}, \quad S' = S_{\dot{\boldsymbol{x}}_1, \tau_1} \qquad (31\,\mathrm{c})$$

und

$$(S, \dot{\boldsymbol{x}}_1) \in M_{\tau_1} \qquad (31\,\mathrm{d})$$

definierte Abbildung.

Für $\tau_2 = \tau_1$ (und formal auch für $\tau_2 < \tau_1$) ist nach (22)

$$S' = \boldsymbol{F}'(S', \dot{\boldsymbol{x}}, \tau_1, \tau_1) , \qquad (32\,\mathrm{a})$$

und speziell für $\tau_1 = t_0$ gilt mit (19 c) und (29 d)

$$S' = \boldsymbol{F}'(S, \dot{\boldsymbol{x}}, t_0, \tau_2), \quad S \in \mathbf{S}, \quad S' \in \mathbf{S}^{\tau_2}. \qquad (32\,\mathrm{b})$$

Ferner gilt mit Vorstehendem

$$\dot{\boldsymbol{x}}_{\tau_1, \tau_2} = \dot{\boldsymbol{x}}'_{\tau_1, \tau_2} \Rightarrow \boldsymbol{F}'(S', \dot{\boldsymbol{x}}, \tau_1, \tau_2) = \boldsymbol{F}'(S', \dot{\boldsymbol{x}}', \tau_1, \tau_2). \quad (32\,\mathrm{c})$$

Um den Zustand der Abbildung S im Zeitpunkt $\tau_2 > t_0$ zu bestimmen, ist es nach (30) nicht erforderlich, den Anfangszustand zu kennen: der Zustand von S z. Z. $\tau_1 > t_0$ bestimmt zusammen mit dem Verlauf der Eingabe $\dot{\boldsymbol{x}}$ im Zeitintervall $[\tau_1, \tau_2)$ den Zustand von S z. Z. $\tau_2 > \tau_1$. Das findet genauer seinen Ausdruck auch in der folgenden wichtigen Abbildungseigenschaft.

Mit $\dot{\boldsymbol{x}} = \dot{\boldsymbol{x}}_2 \circ^{\tau'} \dot{\boldsymbol{x}}_3 \, (\tau_1 \leqq \tau' \leqq \tau_2)$ erhält man aus (19), (30) und (31 a)

$$
\begin{aligned}
S_{\dot{\boldsymbol{x}}', \tau_2} &= \boldsymbol{F}'(S_{\dot{\boldsymbol{x}}_1, \tau_1}, \dot{\boldsymbol{x}}_2 \circ^{\tau'} \dot{\boldsymbol{x}}_3, \tau_1, \tau_2) \\
&= \boldsymbol{F}'(S_{\dot{\boldsymbol{x}}_1, \tau'}, \dot{\boldsymbol{x}}_3, \tau', \tau_2) \\
&= \boldsymbol{F}'[\boldsymbol{F}'(S_{\dot{\boldsymbol{x}}_1, \tau_1}, \dot{\boldsymbol{x}}_2, \tau_1, \tau'), \dot{\boldsymbol{x}}_3, \tau', \tau_2]
\end{aligned}
$$

und daraus mit $S \in \mathbf{S}^{\tau_1}$

$$\mathbf{F}' (S, \dot{\mathbf{x}}_2 \circ^{\tau'} \dot{\mathbf{x}}_3, \tau_1, \tau_2)$$
$$= \mathbf{F}'[\mathbf{F}'(S, \dot{\mathbf{x}}_2, \tau_1, \tau'), \dot{\mathbf{x}}_3, \tau', \tau_2] \qquad (32\,\mathrm{d})$$

als grundlegende Eigenschaft der Abbildung $\mathbf{F}'$.

Es ist — wie sich noch zeigen wird — zweckmäßig, auf den Mengen $\mathbf{S}^{\tau}$ gewisse Äquivalenzrelationen $\overset{\tau}{\sim}$ einzuführen, und zwar so, daß $\mathbf{F}'$ und $\mathbf{g}'$ mit diesen Relationen verträglich sind und ein Übergang zu den Klassenabbildungen $\bar{\mathbf{F}}'$ und $\bar{\mathbf{g}}'$ möglich wird.

Wie man (25) entnimmt, ist der z. Z. $t \geqq \tau$ ausgegebene Buchstabe y nicht von $S(\dot{\mathbf{x}})$ ($S \in \mathbf{S}^{\tau}$), sondern genauer gesehen nur von $S(\dot{\mathbf{x}}) \mid T_{\tau}$, von der Beschränkung von $S(\dot{\mathbf{x}}) = \dot{\mathbf{y}}$ auf T_{τ}, abhängig:

$$S', S'' \in S^{\tau} \wedge (S'(\dot{\mathbf{x}}) \mid T_{\tau} = S''(\dot{\mathbf{x}}) \mid T_{\tau})$$
$$\Rightarrow G'(S', \dot{\mathbf{x}}, \tau, t) = G'(S'', \dot{\mathbf{x}}, \tau, t)$$

für alle $\dot{\mathbf{x}} \in \dot{\mathbf{X}}$ und $t \geqq \tau$.

Die linke Seite dieser Implikation bildet offenbar eine Äquivalenzrelation $\overset{\tau}{\sim}$ auf $\mathbf{S}^{\tau}$:

$$S' \overset{\tau}{\sim} S'' \Leftrightarrow S'(\dot{\mathbf{x}}) \mid T_{\tau} = S''(\dot{\mathbf{x}}) \mid T_{\tau} \wedge S', S'' \in \mathbf{S}^{\tau} \quad (32\,\mathrm{e})$$

für alle $\dot{\mathbf{x}} \in \dot{\mathbf{X}}$. Wir werden die entsprechenden Äquivalenzklassen von $\mathbf{S}^{\tau}$ an dieser Stelle (nicht wie üblich mit $[S]_{\tau}$ sondern) kurz mit $\bar{S}$ (oder $\bar{S}_{\tau}$) bezeichnen. Analog soll die Menge aller Klassen $\bar{S} \subset \mathbf{S}^{\tau}$ mit $\bar{\mathbf{S}}^{\tau}$ symbolisiert werden. Mit $\bar{\mathbf{S}}^*$ werden wir dann wieder die Menge

$$\bar{\mathbf{S}}^* = \bigcup_{\tau} \bar{\mathbf{S}}^{\tau}$$

aller Klassen $\bar{S} \in \bar{\mathbf{S}}^{\tau}$, $\tau \in \bar{\mathbf{R}}$ bezeichnen.

Die grundlegenden Beziehungen (25 b) bzw. (29 a) sowie (30 c), (32 a) bis (32 d) bleiben richtig, wenn dort S' durch $S'' \overset{\tau_1}{\sim} S'$ ersetzt wird.

Z. B. für (25b) ist das offensichtlich, für (31c) ergibt sich das aus der aus (32e) folgenden Implikation:

$$S' \overset{\tau_1}{\approx} S'' \Rightarrow S'_{\dot{x},\tau_2} \overset{\tau_2}{\approx} S''_{\dot{x},\tau_2} \quad (\tau_1 \leqq \tau_2)$$

für alle $\dot{x} \in \dot{X}$, d. h., aus

$$S' \overset{\tau_1}{\approx} S'' \Rightarrow F(S', \dot{x}, \tau_1, \tau_2) \overset{\tau_2}{\approx} F(S'', \dot{x}, \tau_1, \tau_2) \,.$$

e) Zustandsalphabet Z. Die Betrachtungen des letzten Abschnittes gipfeln in den Beziehungen (29) und (31):

$$\bar{S}' = \bar{F}'(\bar{S}, \dot{x}, \tau, \tau_1) = \overline{F'(S, \dot{x}, \tau, \tau_1)}, \qquad (33\,\text{a})$$

$$\dot{y} = \bar{g}'(\bar{S}, \dot{x}, t) = g'(S, \dot{x}, t); \quad S \in \bar{S}. \qquad (33\,\text{b})$$

$\bar{F}'$ ist definiert für alle $\bar{S} \in \bar{S}^\tau$, $\dot{x} \in \dot{X}$ und alle $\tau_1 \geqq \tau$ $(\tau_1, \tau \in \bar{\mathbf{R}})$. Entsprechend ist $\bar{g}'$ für alle $\bar{S} \in \bar{S}^t$, alle $\dot{x}$ des Konfigurationsraumes $\dot{X}$ (vgl. (24c)) und alle $t \in T$ definiert.

$\bar{S}'$ gehört zu $\bar{S}^{\tau_1}$ und $\dot{y}$ zum Konfigurationsraum $\dot{Y}^t$. Die Berechnung der Ausgabe $\dot{y}$ — die bestimmt ist durch die Ausgabekonfiguration $\dot{y} = \dot{y}^t$ für beliebiges $t \in T$ — wird hiermit in zwei Teilschritte zerlegt:

a) In die Bestimmung des *Zustandes* $\bar{S}'$ der *System-abbildung* im Zeitpunkt $\tau_1 = t$ aus einem früheren Abbildungszustand $\bar{S}$ z. Z. τ bzw. aus dem Anfangszustand z. Z. t_0 und der Eingabe $\dot{x}$.

b) In die Bestimmung von $\dot{y} = \dot{y}^t$ aus dem Abbildungszustand $\bar{S}'$ und der Eingabekonfiguration $\dot{x}$ z. Z. t.

Hierbei spielt mit (20c) $\bar{S} \in \bar{S}_{\bar{\mathbf{R}}}(\tau)$ die Rolle eines (aus (33) eliminierbaren) Parameters mit dem Wertebereich $\bar{S}_{\bar{\mathbf{R}}}(\tau) = \bar{S}^\tau$. Die mathematische Bedeutung von $\bar{S}^\tau$ ist daher für (33) nicht wesentlich, und man kann von $\bar{S}^\tau$ zu jeder mit $\bar{S}^\tau$ gleichmächtigen Menge $\dot{Z}^\tau$ (mit den Elementen $\dot{z}$) vermöge der bijektiven Abbildung

$$\lambda_\tau \colon \bar{S}^\tau \leftrightarrow \dot{Z}^\tau \quad (\tau \in \bar{\mathbf{R}}) \qquad (34)$$

übergehen.

Für die physikalische Interpretation von (33) und die Realisierung zellularer Systeme ist es zweckmäßig, in Analogie zur Ein- und Ausgabekonfiguration für die $\dot{z}$ aus $\dot{Z}^\tau$ räumliche Abbildungen zu wählen.

Solche räumlichen Abbildungen lassen sich in natürlicher Weise aus den Abbildungen S aus $\mathbf{S}^*$ konstruieren.

Zu jedem geordneten Paar $(\bar{S}, r)$ mit $\bar{S} \in \bar{\mathbf{S}}^*, r \in R$ gehört eine Abbildung

$$\bar{S}_r: \dot{X} \to Y, \qquad (35\,\mathrm{a})$$

definiert durch

$$\bar{S}_r(\dot{x}) = S(\dot{x})\,(r) = \dot{y}(r), \quad S \in \bar{S}. \qquad (35\,\mathrm{b})$$

Ist $\bar{S}_R^* = Z$ die Menge aller $\bar{S}_r$ $(\bar{S} \in \bar{\mathbf{S}}^*, r \in R)$, so kann man mit (35) von einer $\bar{S} \in \bar{\mathbf{S}}^*$ zugeordneten Abbildung

$$\dot{z}: R \to Z, \quad Z = \bar{S}_R^* \qquad (36)$$

sprechen, die durch

$$\dot{z}(r) = z, \quad z = \bar{S}_r \qquad (37\,\mathrm{a})$$

definiert ist. Für die Zuordnung

$$\bar{S} \mapsto \dot{z} \qquad (37\,\mathrm{b})$$

gilt

Satz 5: *Die Menge $\dot{Z}^*$ aller Abbildungen $\dot{z}$ ist der Menge $\bar{S}^*$ aller Systemabbildungen $\bar{S}$ (vermöge λ) bijektiv zugeordnet:*

$$\lambda: \bar{\mathbf{S}}^* \leftrightarrow \dot{Z}^*, \quad \lambda(\bar{S}) = \dot{z}. \qquad (38)$$

Beweis: Nach Definition von $\dot{z}$ ist λ jedenfalls surjektiv. λ ist aber auch injektiv. Denn ist $\bar{S}_1 \neq \bar{S}_2$ $(\bar{S}_1, \bar{S}_2 \in \bar{\mathbf{S}}^*)$ und

$$\lambda(\bar{S}_1) = \dot{z}_1, \quad \lambda(\bar{S}_2) = \dot{z}_2,$$

so muß auch $\dot{z}_1 \neq \dot{z}_2$ sein, da andernfalls für alle $r \in R$

$$\dot{z}_1(r) = \dot{z}_2(r)$$

und somit auch für jedes $\dot{x} \in \dot{X}$

$$\dot{z}_1(r)\,(\dot{x}) = \dot{z}_2(r)\,(\dot{x})$$

wäre.

Nun ist nach (35), (36) und (37)

$$\dot{z}(r)\,(\dot{x}) = S(\dot{x})\,(r)\;,$$

womit aus der vorletzten Beziehung

$$S_1(\dot{x})\,(r) = S_2(\dot{x})\,(r)$$

für alle $\dot{x} \in \dot{X}$ und alle $r \in R$ und damit $S_1 = S_2$, d. h.

$$\bar{S}_1 = \bar{S}_2$$

folgt, was der Voraussetzung widerspricht.

Da eine bijektive Abbildung nichts anderes als eine „Umbenennung" der Symbole bedeutet, kann der Inhalt von Satz 5 auch so formuliert werden: Die Systemabbildungen $\bar{S} \in \bar{S}^*$ lassen sich als räumliche Abbildungen von R in eine gewisse Menge Z interpretieren (die sich aus $\bar{S}^*$ und R konstruieren läßt).

Wir führen nun eine neue, die weitere Darstellung vereinfachende Symbolik und Terminologie ein.

Die Menge $\bar{S}_R^*$ aller Abbildungen $\bar{S}_r$ bezeichnen wir als *Zustandsalphabet* des zellularen Systems und verwenden dafür weiterhin das Symbol Z. Speziell ist

$$\dot{Z}^\tau = \lambda_\tau(\bar{S}^\tau)\;. \tag{39}$$

Die räumlichen Abbildungen $\dot{z} \in \dot{Z}^\tau$ nennen wir nun *Zustandskonfigurationen* des Systems:

$$\dot{z}\colon R \to Z, \quad \dot{z} \in \dot{Z}^\tau. \tag{40}$$

$\dot{Z}^\tau$ heißt *(Zustands-)Konfigurationsraum* z. Z. τ.

Die fundamentalen Beziehungen (33) lauten dann mit (38), (39) und (40) entsprechend umgeschrieben

$$\lambda(\bar{S}') = \lambda[\bar{F}'(\lambda^{-1}(\dot{z}),\, \dot{x},\, \tau,\, \tau_1)], \tag{41}$$
$$\dot{y} = g'[\lambda^{-1}(\dot{z}),\, \dot{x},\, t]$$

oder in endgültiger Form $(\tau_1 \geqq \tau)$

$$\dot{z}' = \boldsymbol{F}(\dot{z}, \dot{\boldsymbol{x}}, \tau, \tau_1) \quad (\dot{z} \in \dot{Z}^\tau, \dot{z}' \in \dot{Z}^{\tau_1}), \qquad (42\,\text{a})$$

$$\dot{y} = \boldsymbol{g}(\dot{z}, \dot{x}, t) \qquad (\dot{z} \in \dot{Z}^t). \qquad (42\,\text{b})$$

Dabei wurde $\lambda(\bar{S}') = \dot{z}', \lambda(\bar{S}) = \dot{z}$ gesetzt. $\dot{z}$ ist die Zustandskonfiguration z. Z. τ. Vermöge $\dot{\boldsymbol{x}}$ wird sie in die Zustandskonfiguration $\dot{z}'$ z. Z. $\tau_1 > \tau$ überführt.

Die Beziehungen (41) sind die *globalen Zustandsgleichungen* des zellularen Systems. $\boldsymbol{F}$ heißt *globaler Überführungsoperator*, $\boldsymbol{g}$ *globaler Ergebnisoperator* des zellularen Systems.

$\boldsymbol{F}$ muß nach (31 b) und (32) bei Berücksichtigung der Umschreibungen (39) bis (42) den Bedingungen

$$\boldsymbol{F}(\dot{z}, \dot{\boldsymbol{x}}, \tau, \tau) = \dot{z} \qquad (43\,\text{a})$$

und

$$\boldsymbol{F}(\dot{z}, \dot{\boldsymbol{x}}_1 \circ^{\tau'} \dot{\boldsymbol{x}}_2, \tau_1, \tau_2)$$
$$= \boldsymbol{F}[\boldsymbol{F}(\dot{z}, \dot{\boldsymbol{x}}_1, \tau_1, \tau'), \dot{\boldsymbol{x}}_2, \tau', \tau_2] \qquad (43\,\text{b})$$

sowie (vgl. (31 a)) der logischen Beziehung

$$\dot{\boldsymbol{x}}_{\tau,\tau_1} = \dot{\boldsymbol{x}}'_{\tau,\tau_1} \Rightarrow \boldsymbol{F}(\dot{z}, \dot{\boldsymbol{x}}, \tau, \tau_1) = \boldsymbol{F}(\dot{z}, \dot{\boldsymbol{x}}', \tau, \tau_1) \qquad (43\,\text{c})$$

genügen.

Der Zusammenhang mit den bisherigen Darstellungen ergibt sich aus

$$\boldsymbol{F}: \dot{Z}^* \times \dot{X} \times \bar{\mathbf{R}}^2 \to \dot{Z}^*: \boldsymbol{F}(\dot{z}, \dot{\boldsymbol{x}}, \tau, \tau_1) = \dot{z}',$$
$$\dot{z} = \lambda(\bar{S}), \quad \dot{z} \in Z^\tau, \quad (\tau_1 \geqq \tau), \qquad (44\,\text{a})$$

$$\boldsymbol{g}: \dot{Z}^* \times \dot{X} \times T \to \dot{Y}: \boldsymbol{g}(\dot{z}, \dot{x}, t),$$
$$\dot{z} = \lambda(\bar{S}), \quad \dot{z} \in \dot{Z}^t. \qquad (44\,\text{b})$$

Wir bemerken noch, daß $\boldsymbol{F}$ in (44a) im allgemeinen nicht für alle Elemente aus $\dot{Z}^* \times \dot{X} \times T^2$ definiert zu sein braucht. Außer der Bedingung $\tau_1 \geqq \tau_2$ kann noch die Beschränkung (Abb. 2.7)

$$(\tau, \dot{z}) \in P_h \subset T \times \dot{Z}^* \quad (\dot{Z}^\tau = \{\dot{z} \mid (\tau, \dot{z}) \in P_h\}) \qquad (45\,\text{a})$$

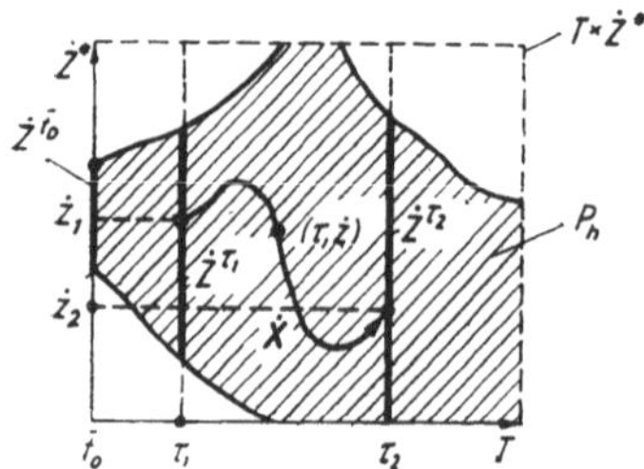

Abb. 2.7. Zustandsraum $\dot{Z}^*$ und Phasenraum P_h

bestehen (vgl. (42)). $(\tau, \dot{z})$ heißt *Konfigurationsphase* des Zustandes, P_h *Phasenraum* der Zustandskonfigurationen.

Entsprechend ist in (44 b) $(t, \dot{z}) \in P_h$ bzw. $\dot{z} \in \dot{Z}^t$ und außerdem genauer

$$(t, \dot{x}) \in P_h' \subset T \times \dot{X} \tag{45b}$$

bzw.

$$\dot{x} \in \dot{X}^t = \{\dot{x} \mid \dot{\boldsymbol{x}} \in \dot{\boldsymbol{X}} \wedge \dot{\boldsymbol{x}}(t) = \dot{x}\} \ .$$

$\boldsymbol{F}$ und $\boldsymbol{g}$ sind also im allgemeinen funktionale (rechtseindeutige) Relationen.

2.2. *Lokale Systembeschreibung*

a) Strukturfunktion φ. Neben den globalen Abbildungen $\boldsymbol{F}$ und $\boldsymbol{g}$ werden wir noch die entsprechenden *lokalen* Abbildungen F und g bzw. F_r und g_r einführen, die die Werte von $\dot{z}'$ und $\dot{y}$ im Gitterpunkt r angeben. Mit (2.1—42) ist formal

$$z' = \dot{z}'(r) = \boldsymbol{F}(\dot{z}, \dot{\boldsymbol{x}}, \tau, \tau_1)\,(r) \tag{1a}$$
$$= F(\dot{z}, \dot{\boldsymbol{x}}, \tau, \tau_1, r) = F_r(\dot{z}, \dot{\boldsymbol{x}}, \tau, \tau_1)\ ,$$

$$y = \dot{y}(r) = \boldsymbol{g}(\dot{z}, \dot{x}, t)\,(r) \tag{1b}$$
$$= g(\dot{z}, \dot{x}, t, r) = g_r(\dot{z}, \dot{x}, t)\ .$$

Die Eigenschaften (2.1—43) von F übertragen sich auf den *lokalen Überführungsoperator* F_r wie folgt:

$$F_r(\dot{z}, \dot{x}, \tau, \tau) = \dot{z}(r) \,, \qquad (2\,a)$$

$$F_r(\dot{z}, \dot{x}_1 \circ^{\tau'} \dot{x}_2, \tau_1, \tau_2)$$
$$= F_r[F(\dot{z}, \dot{x}_1, \tau_1, \tau'), \dot{x}_2, \tau', \tau_2] \,, \qquad (2\,b)$$

$$\dot{x}'_{\tau,\tau_1} = \dot{x}''_{\tau,\tau_1} \Rightarrow F_r(\dot{z}, \dot{x}', \tau, \tau_1) \qquad (2\,c)$$
$$= F_r(\dot{z}, \dot{x}'', \tau, \tau_1) \,.$$

Nach (1a) ist der Wert $\dot{z}'(r)$ der Zustandskonfiguration $\dot{z}'$ an der Stelle r zum Zeitpunkt τ_1 eine Funktion der Zustandskonfiguration z. Z. τ und der Eingabe $\dot{x}$ (im Zeitintervall $[\tau, \tau_1)$).

Dieser Wert $\dot{z}'(r)$ im festen Raumpunkt r ist nun aber im allgemeinen nicht notwendig durch die vollständige Zustandskonfiguration $\dot{z}$ zu einem früheren Zeitpunkt bestimmt, sondern bereits durch eine auf eine gewisse (möglicherweise endliche) Umgebung (Nachbarschaft) $U \subset R$ von r beschränkte Konfiguration $\dot{z} \mid U$. Das bestätigt schon die Beziehung (2a), wonach jedenfalls $F_r(\dot{z}, \dot{x}, \tau, \tau)$ von $\dot{z} \mid (R\backslash\{r\})$ unabhängig ist:

$$\dot{z}_1 \mid \{r\} = \dot{z}_2 \mid \{r\} \Rightarrow F_r(\dot{z}_1, \dot{x}, \tau, \tau) = F_r(\dot{z}_2, \dot{x}, \tau, \tau) \,.$$

Dasselbe gilt — wie sich noch zeigen wird — für $g_r(\dot{z}, \dot{x}, t)$.

Diese Nachbarschaft U wird im allgemeinen eine Funktion anderer Systemgrößen sein, und es hängt von der Kompliziertheit der zu betrachtenden zellularen Struktur ab, ob z. B. U eine Funktion des Ortes r, der Zeit t (oder beides) oder möglicherweise noch durch äußere Steuervariable beeinflußt wird.

Entsprechendes gilt für die Eingabe $\dot{x}$, die im allgemeinen nur umgebungsbegrenzt sowohl auf den Zustand als auch auf die Ausgabe einwirkt.

Die nachfolgenden Überlegungen sollen näher begründen, daß ganz bestimmte Abhängigkeiten dieser Nachbarschaften U von Ort und Zeit im Sinne der hier gegebenen Systemdefinition (Def. 2) unter vielen Möglichkeiten ausgezeichnet sind. Es wird sich insbesondere zeigen, daß diese auf gewisse Nachbarschaften begrenzte Abhängigkeit der Systemprozesse durch eine einzige Funktion φ charakterisiert werden kann.

Zu diesem Zweck gehen wir noch einmal zurück auf die fundamentale Beziehung

$$\dot{\boldsymbol{y}} = S(\dot{\boldsymbol{x}}) \quad (S \in \boldsymbol{S}^{\tau}) \, . \tag{3a}$$

Mit (2.1–25a) gilt dann im Zeitpunkt $t \geqq \tau$

$$\dot{\boldsymbol{y}}(t) = S(\dot{\boldsymbol{x}}) \, (t) \tag{3b}$$

bzw. mit (2.1–35b) und (2.1–24b)

$$\dot{\boldsymbol{y}}(t) \, (r) = \dot{\boldsymbol{y}}(r) \, (t) = S(\dot{\boldsymbol{x}}) \, (r) \, (t) = S_r(\dot{\boldsymbol{x}}) \, (t) \tag{3c}$$

im Gitterpunkt r zur Zeit t.

Die (im Vorstehenden auch nicht gemachte) Annahme, daß $\dot{\boldsymbol{y}}(r) \, (t)$ in (3c), also der am Ort r z. Z. t ausgegebene Buchstabe y, von allen über R verteilten Wortsegmenten $\dot{\boldsymbol{x}}(r') \mid T^t \, (r' \in R)$ abhängen wird, stellt eine zu grobe Vereinfachung der Problematik dar.

Im allgemeinen wird es so sein, daß das am Gitterpunkt r' auftretende Wort $\dot{\boldsymbol{x}}(r')$ schon vom Zeitpunkt $\tau_0 < t$ nicht mehr auf $\dot{\boldsymbol{y}}(r) \, (t)$ Einfluß nehmen kann. Dabei kann τ_0 — außer von r' — noch von r und t abhängen (Abb. 2.8):

$$\tau_0 = \varphi(r, t, r') = \varphi_{r,t}(r') \, . \tag{4a}$$

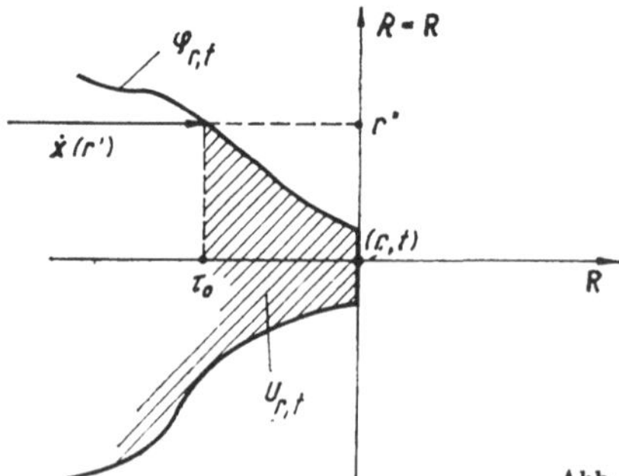

Abb. 2.8. Strukturfunktion $\varphi_{r,t}$

$\varphi_{r,t}$ ist eine (von r und t abhängige) Abbildung von R in $\bar{\mathbf{R}}$, für die natürlich nur

$$\tau_0 = \varphi_{r,t}(r') \leqq t \tag{4b}$$

für alle $r' \in R$ gelten kann:

$$\dot{x}(r') \mid T^{\tau_0} \subset \dot{x}(r') \mid T^t . \tag{4c}$$

In den wichtigsten Fällen aber wird $\varphi_{r,t}$ — nach Einführung entsprechender (Gruppen-)Operationen — von speziellerer Form sein:

$$\varphi_{r,t} \colon \varphi_{r,t}(r') = \varphi_r(r') + t \tag{4d}$$

oder

$$\varphi_{r,t} \colon \varphi_{r,t}(r') = \varphi\,(r' - r) + t . \tag{4e}$$

Annahmen dieser Art muß man machen, wenn man generell berücksichtigen will, daß Wirkungen eine endliche Ausbreitungszeit besitzen.

Durch (4a) wird für jedes Paar (r, t) aus $R \times T$ eine Teilmenge aus $R \times \bar{\mathbf{R}}$, nämlich

$$U_{r,t} = \{(r', \tau) \mid \tau \leqq \varphi_{r,t}(r'),\, r' \in R\} \tag{5a}$$

ausgesondert, und Eingaben $\dot{x}$, die auf dieser Teilmenge übereinstimmen, ergeben in (r, t) gleiche Ausgabebuchstaben y und werden als (r, t)-*äquivalent* bezeichnet (Abb. 2.8).

Verallgemeinernd kommen wir zur folgenden

Def. 1: Zwei Elemente $\dot{x}$, $\dot{x}'$ aus $\dot{X}$ heißen U-*äquivalent* $(U \subset R \times \bar{\mathbf{R}})$, wenn sie für alle (r, τ) aus U übereinstimmen, in Zeichen

$$\dot{x} \overset{U}{\sim} \dot{x}' \Leftrightarrow \dot{x} \mid U = \dot{x}' \mid U \Leftrightarrow \dot{x}(r)\,(\tau) = \dot{x}'(r)\,(\tau) \tag{5b}$$

für alle $(r, \tau) \in U$.

(5b) definiert eine (von U erzeugte) Äquivalenzrelation auf $\dot{X}$, und die zugehörigen (von U erzeugten)

Äquivalenzklassen werden mit $[\dot{x}]_U$, die zugehörige kanonische Abbildung mit dem Symbol Φ_U belegt:

$$\Phi_U(\dot{x}) = [\dot{x}]_U . \tag{5c}$$

Die Klasseneinteilung (Quotientenmenge) selbst wird mit $\dot{X}/U$ bezeichnet.

Im Sonderfall der (r, t)-Äquivalenz schreiben wir (r, t) statt $U_{r,t}$, also $(r' \in R;\ (r, t) \in R \times T)$:

$$\dot{x} \overset{r,t}{\sim} \dot{x}' \Leftrightarrow \dot{x}(r') \mid T^{\tau_0} = \dot{x}'(r') \mid T^{\tau_0}, \quad \tau_0 = \varphi_{r,t}(r') , \tag{5d}$$

$$[\dot{x}_1]_{r,t} = \{\dot{x} \mid \dot{x} \overset{r,t}{\sim} \dot{x}_1\}, \quad [\dot{x}_1]_{r,t} \in \dot{X}/_{r,t},$$
$$\Phi_{r,t}(\dot{x}) = [\dot{x}]_{r,t} . \tag{5e}$$

Das Konkatenationsprodukt $\circ^\tau$ ist mit der Äquivalenzrelation $\overset{r,t}{\sim}$ auf $\dot{X}$ verträglich ($\overset{r,t}{\sim}$ ist eine Kongruenzrelation), d. h., es gilt der

Satz 1: *Aus*

$$\dot{x}' \overset{r,t}{\sim} \dot{x}_1 \quad und \quad \dot{x}'' \overset{r,t}{\sim} \dot{x}_2 \quad (\dot{x}_\mu^{(\nu)} \in \dot{X})$$

folgt

$$(\dot{x}' \circ^\tau \dot{x}'') \overset{r,t}{\sim} (\dot{x}_1 \circ^\tau \dot{x}_2) \tag{6}$$

für alle $\tau \in \bar{\mathbf{R}}$, $r \in R$ *und* $t \in T$.

Beweis: Nach Voraussetzung ist mit (5d)

$$\dot{x}'(r')\,(t') = \dot{x}_1(r')\,(t')$$

und

$$\dot{x}''(r')\,(t') = \dot{x}_2(r')\,(t')$$

für alle $r' \in R$ und alle $t' \leqq \tau_0 = \varphi_{r,t}(r')$. Daraus folgt für $\tau < \tau_0$

$$(\dot{x}'(r') \circ^\tau \dot{x}''(r'))\,(t') = (\dot{x}_1(r') \circ^\tau \dot{x}_2(r'))\,(t')$$

für alle $r' \in R$ und alle $t' \leqq \tau_0$. Diese Beziehung ist offenbar auch für $\tau \geqq \tau_0$ richtig. Mit Berücksichtigung von (5d) ist damit der Satz bewiesen.

Man kann damit von der Struktur $(\dot{X}, \circ^\tau)$ zur *Faktorstruktur* $(\dot{X}/_{r,t}, \circ^\tau)$ übergehen, indem man auf $\dot{X}/_{r,t}$ die durch

$$[\dot{x}_1]_{r,t} \circ^\tau [\dot{x}_2]_{r,t} = [\dot{x}_1 \circ^\tau \dot{x}_2]_{r,t}$$

definierte (von der Auswahl der Klassenrepräsentanten x_1 und x_2 unabhängige und wieder mit $\circ^\tau$ bezeichnete) Operation einführt.

Die Quotientenmenge $\dot{X}/_{r,t}$ ist damit ebenfalls abgeschlossen bezüglich des Konkatenationsproduktes, und man kann die Elemente aus $\dot{X}/_{r,t}$ als neue Eingaben ansehen und z. B. Abbildungen von $\dot{X}/_{r,t}$ in $\dot{Y}$ oder $\dot{\boldsymbol{Y}}$ betrachten, insbesondere wieder von einer Menge $\boldsymbol{H}$ von Systemabbildungen auf $\dot{X}/_{r,t}$ sprechen, was im Abschnitt c) im einzelnen dargelegt werden soll.

b) Systemabbildung S^φ. Im weiteren werden allgemein Abbildungen in Y oder $\boldsymbol{Y}$, z. B.

$$R \times T \times \dot{X} \to Y, \quad R \times \dot{X} \to \boldsymbol{Y},$$

als *lokale Abbildungen* bezeichnet.

Insbesondere führen wir in Verallgemeinerung von (2.1—35) die $S \in \boldsymbol{S}^*$ zugeordnete lokale Abbildung

$$S_{r,t}: \dot{X} \to Y, \quad (r, t) \in U \subset R \times T) \tag{7a}$$

ein, die wir durch

$$S_{r,t}(\dot{x}) = S(\dot{x})\,(r)\,(t) \tag{7b}$$

definieren.

Def. 2: Ist $L: \dot{X} \to \dot{Y}$ eine Abbildung von $\dot{X}$ in $\dot{Y}$, so heißt $(r \in R, t \in T)$

$$L_{r,t}: \dot{X} \to Y: L_{r,t}(\dot{x}) = L(\dot{x})\,(r)\,(t) \tag{7c}$$

lokale Systemabbildung, wenn gilt: Für alle $\dot{x}_{1,2} \in \dot{X}$, $\tau \in \bar{\bar{\boldsymbol{R}}}$ ist

$$L_{r,t}(\dot{x}_1 \circ^\tau \dot{x}_2) = \begin{cases} L_{r,t}(\dot{x}_1) & (t < \tau) \\ L_{r,t}(\dot{x}_1 \circ^\tau \dot{x}_2) & (t \geqq \tau) \end{cases}. \tag{7d}$$

4 Wunsch

Jeder Abbildung $L: \dot{X} \to \dot{Y} \mid U$ ist das System $L_{R,T} = \{L_{r,t} \mid (r, t) \in U\}$ lokaler Abbildungen $L_{r,t}: \dot{X} \to \to Y$ $(L_{r,t}(\dot{x}) = L(\dot{x})\,(r)\,(t))$ zugeordnet und umgekehrt. Schreiben wir wieder S statt L, so gilt

Satz 2: $S: \dot{X} \to \dot{Y}$ *ist genau dann eine (globale) System-abbildung, wenn alle Abbildungen* $S_{r,t} \in \boldsymbol{S}_{R,T} = \{S_{r,t} \mid r \in R,\ t \in T\}$ *lokale Systemabbildungen sind.*

Beweis: Ist S eine Systemabbildung, so folgt für alle $r \in R$ und $t \in T$ aus (vgl. 2.1–15 u. –11 b)

$$S\,(\dot{x}_1 \circ^\tau \dot{x}_2) = S(\dot{x}_1) \circ^\tau S\,(\dot{x}_1 \circ^\tau \dot{x}_2) \qquad (7\,\mathrm{e})$$

die Beziehung (7 d)).

Umgekehrt definiert die Menge $\boldsymbol{S}_{R,T}$ von lokalen Systemabbildungen $S_{r,t}: \dot{X} \to Y$ eine Abbildung $S: \dot{X} \to \to \dot{Y}$, für die offenbar (7 e) gelten muß, wenn (7 d) vorausgesetzt wird.

Wir knüpfen im weiteren an die Beziehung (3) an, die nun durch eine entsprechende Bedingung zu ergänzen ist. Schreiben wir S^φ statt S, so gilt

$$\dot{y} = S^\varphi(\dot{x}) \qquad (8\,\mathrm{a})$$

mit der zusätzlichen Forderung

$$\dot{x}_1 \overset{r,t}{\approx} \dot{x}_2 \Rightarrow S^\varphi_{r,t}(\dot{x}_1) = S^\varphi_{r,t}(\dot{x}_2)\ . \qquad (8\,\mathrm{b})$$

Die spezielle Systemabbildung $S^\varphi: \dot{X} \to \dot{Y}$ ordnet (r, t)-äquivalenten Eingaben $\dot{x}$ Ausgaben $\dot{y}$ zu, die im Gitterpunkt r z. Z. t identisch sind.

Satz 3: *Eine Abbildung* $S^\varphi: \dot{X} \to \dot{Y}$ *ist genau dann eine Systemabbildung mit der Eigenschaft* (8 b), *wenn sich die zugeordneten lokalen Abbildungen* $S^\varphi_{r,t}$ *in der Produktform*

$$S^\varphi_{r,t} = \Phi_{r,t} H_{r,t} \qquad (r \in R,\ t \in T) \qquad (9\,\mathrm{a})$$

darstellen lassen. Dabei ist

$$\alpha)\ \Phi_{r,t}: \dot{X} \to \dot{X}/_{r,t},\quad \Phi_{r\,t}(\dot{x}) = [\dot{x}]_{r,t} \qquad (9\,\mathrm{b})$$

die zu $\varphi_{r,t}$ gehörende kanonische Abbildung von $\dot{X}$ auf $\dot{X}/_{r,t}$,

$$\beta) \quad H_{r,t}: \dot{X}/_{r,t} \to Y \qquad\qquad (9\,\mathrm{c})$$

eine lokale Systemabbildung von $\dot{X}/_{r,t}$ in Y (Abb. 2.9).

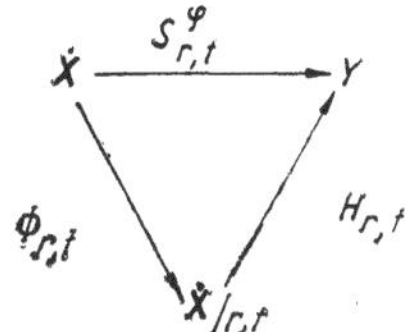

Abb. 2.9. Zerlegung der lokalen Systemabbildung $S_{r,t}^{\varphi}$

Beweis: Jede zu S^{φ} gehörende lokale Abbildung $S_{r,t}^{\varphi}$ habe die Darstellung (9a). Dann gilt wegen

$$S_{r,t}^{\varphi}(\dot{x}) = H_{r,t}\Phi_{r,t}(\dot{x}) = S^{\varphi}(\dot{x}) \ (r)\ (t)$$

natürlich

$$S_{r,t}^{\varphi}(\dot{x}_1) = S_{r,t}^{\varphi}(\dot{x}_2) \quad \text{für} \quad \dot{x}_1 \overset{r,t}{\sim} \dot{x}_2 ,$$

da dann $\Phi_{r,t}(\dot{x}_1) = \Phi_{r,t}(\dot{x}_2)$ ist.

Ferner ist mit (9a), (9b) und Satz 1 bzw. (6)

$$\begin{aligned}
S_{r,t}^{\varphi}(\dot{x}_1 \circ^{\tau} \dot{x}_2) &= H_{r,t}\Phi_{r,t}(\dot{x}_1 \circ^{\tau} \dot{x}_2) \\
&= H_{r,t}([\dot{x}_1 \circ^{\tau} \dot{x}_2]_{r,t}) = H_{r,t}([\dot{x}_1]_{r,t} \circ^{\tau} [\dot{x}_2]_{r,t}) \\
&= \begin{cases} H_{r,t}([\dot{x}_1]_{r,t}) = S_{r,t}^{\varphi}(\dot{x}_1) & (t < \tau), \\ H_{r,t}([\dot{x}_1 \circ^{\tau} \dot{x}_2]_{r,t}) = S_{r,t}^{\varphi}(\dot{x}_1 \circ^{\tau} \dot{x}_2) & (t \geqq \tau). \end{cases}
\end{aligned}$$

$S_{r,t}^{\varphi}$ ist damit für alle $r \in R$ und $t \in T$ eine lokale und folglich S^{φ} eine (globale) Systemabbildung.

Ist umgekehrt S^{φ} eine (globale) Systemabbildung mit der Eigenschaft (8b), so definiert $S_{r,t}^{\varphi}$ für alle $r \in R$, $t \in T$ eine Abbildung $H_{r,t}$ von $\dot{X}/_{r,t}$ in Y (wegen der Verträglichkeit von $S_{r,t}^{\varphi}$ mit $\overset{r,t}{\sim}$, Abb. 2.9):

$$H_{r,t}([\dot{x}]_{r,t}) = S_{r,t}^{\varphi}(\dot{x}) .$$

4*

Da $S_{r,t}^{\varphi}$ eine lokale Systemabbildung ist, ist es auch $H_{r,t}$:

$$H_{r,t}\left([\dot{x}_1 \circ^{\tau} \dot{x}_2]_{r,t}\right) = S_{r,t}^{\varphi}\left(\dot{x}_1 \circ^{\tau} \dot{x}_2\right)$$

$$= \begin{cases} S_{r,t}^{\varphi}(\dot{x}_1) = H_{r,t}([\dot{x}_1]_{r,t}) & (t < \tau) \\ S_{r,t}^{\varphi}\left(\dot{x}_1 \circ^{\tau} \dot{x}_2\right) = H_{r,t}\left([\dot{x}_1 \circ^{\tau} \dot{x}_2]_{r,t}\right) & \\ & (t \geqq \tau) \, . \end{cases}$$

Satz 3 beschreibt einen für die Aufstellung der Zustandsgleichungen von zellularen Systemen mit endlicher Wirkungsausbreitung wichtigen Zusammenhang zwischen der Systemabbildung S^{φ} bzw. $S_{r,t}^{\varphi}$ und ihrer Faktorisierung entsprechend (9).

Wie die vorstehenden Beziehungen zeigen, ist die Systemabbildung S^{φ} wesentlich durch $\varphi_{r,t}$ mitbestimmt. Wir werden deshalb die den $\varphi_{r,t}$ $(r \in R, t \in T)$ zugeordnete Funktion (vgl. (4))

$$\varphi : R \times T \times R \times \bar{\mathbf{R}} \tag{10a}$$

als (*globale*) *Strukturfunktion* des zellularen Systems bezeichnen. Entsprechend heißt die den Gitterpunkten von R zugeordnete Funktion

$$\varphi_{r,t} : R \to \bar{\mathbf{R}} \tag{10b}$$

lokale Strukturfunktion.

Da φ bzw. $\varphi_{r,t}$ allein die Klasseneinteilung in $\dot{X}$ festlegt, ist mit (9b) $\Phi_{r,t}$ bzw.

$$\Phi : R \times T \times \dot{X} \to [\dot{X}] \, , \tag{11a}$$

worin

$$[\dot{X}] = \dot{X}/_{R,T} = \{[\dot{x}]_{r,t} \mid [\dot{x}]_{r,t} \in \dot{X}/_{r,t}, r \in R, t \in T\} \tag{11b}$$

die Menge aller Äquivalenzklassen $[\dot{x}]_{r,t}$ ist, durch φ mitbestimmt. Wir werden Φ bzw. $\Phi_{r,t}$ als *globale* bzw. *lokale Ausbreitungsfunktion* bezeichnen.

$H_{r,t}$ ist nur insofern von φ abhängig, als φ den Definitionsbereich dieser Funktion bestimmt (vgl. (9c)).

Bei gegebener, durch φ charakterisierter Struktur des zellularen Raumes (d. h. bei gegebenem zellularen System $\mathfrak{S}$) ist $H_{r,t}$ eine das Ein-Ausgabeverhalten regelnde Abbildung.

c) Zustandsgleichungen I. Nach den Ausführungen in Abschnitt a) gehört zu jedem Paar $(r_0, t_0) \in R \times T$ eine Quotientenmenge $\dot{X}/_{r_0,t_0}$, die bezüglich des durch (6) definierten Konkatenationsproduktes $\circ^\tau$ abgeschlossen ist.

Die Elemente $[\dot{x}]$ von $\dot{X}/_{r_0,t_0}$ lassen sich als neue Eingaben auffassen. Da alle Repräsentanten $\dot{x}$ von $[\dot{x}]$ im raum-zeitlichen Bereich U_{r_0,t_0} identisch sind, wird man natürlicherweise definieren

$$[\dot{x}]: [\dot{x}]\ (r)\ (t) = \dot{x}(r)\ (t) \qquad (12\,\mathrm{a})$$

für alle $(r, t) \in U_{r_0,t_0}$ bzw. $r \in R$ und $t \leqq \varphi_{r_0,t_0}(r)$ (vgl. (5a)).

Im Bereich $(R \times T) \backslash U_{r_0,t_0}$ kann man $[\dot{x}]$ als nicht definiert ansehen oder ganz willkürlich vorschreiben. Es ist für manche Überlegungen und Deutungen zweckmäßig zu definieren

$$[\dot{x}]\ (r)\ (t) = c_0 = \text{konst.} \quad ([\dot{x}] \in \dot{X}/_{r_0,t_0}) \qquad (12\,\mathrm{b})$$

für alle $\dot{x} \in \dot{X}$ und alle $(r, t) \in (R \times T) \backslash U_{r_0,t_0}$.

Ist $[\dot{x}] \in \dot{X}/_{r_0,t_0}$ gegeben, so auch $\dot{x}\mid U_{r_0,t_0}$ (und umgekehrt (vgl. (5b)) und damit (vgl. Abb. 2.10)

$$[\dot{x}] \in \dot{X}/U^\tau_{r',t'} \quad \text{bzw.} \quad \dot{x}\mid U^\tau_{r',t'} \qquad (13\,\mathrm{a})$$

für alle

$$(r', t') \in U^{*\tau}_{r_0,t_0} = \{(\bar{r}, \bar{t}) \mid U^\tau_{\bar{r},\bar{t}} \subset U^\tau_{r_0,t_0}\} \qquad (13\,\mathrm{b})$$

mit

$$U^\tau_{r,t} = U_{r,t} \cap T_\tau . \qquad (13\,\mathrm{c})$$

Jedes $[\dot{x}] \in \dot{X}/_{r_0,t_0}$ definiert damit eine Klassenfamilie

$$([\dot{x}]_{r,t}), \quad (r, t) \in U^{*\tau}_{r_0,t_0}, \quad [\dot{x}]_{r,t} \in \dot{X}/_{r,t}, \qquad (13\,\mathrm{d})$$

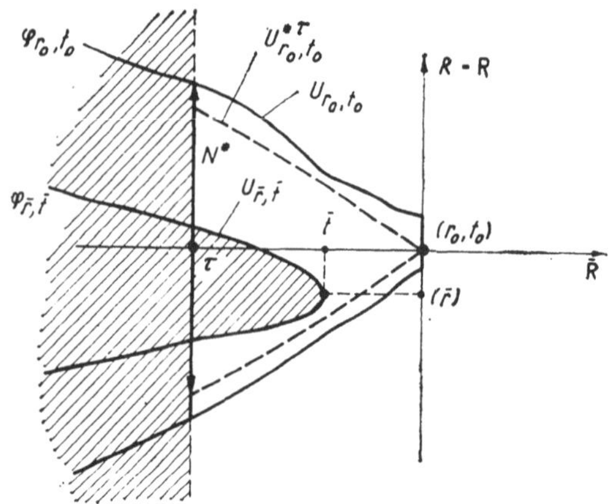

Abb. 2.10. Umgebung $U^{*\tau}_{r_0,t_0}$ und Nachbarschaft N^*

für deren Elemente gilt (vgl. Satz 3)

$$S^{\varphi}_{r,t}(\dot{x}) = H_{r,t}([\dot{x}]_{r,t}) = (\Phi_{r,t}H_{r,t})\,(\dot{x}) = y^{r,t}, \qquad (14)$$
$$S^{\varphi} \in (S^{\varphi})^{\tau}.$$

$(S^{\varphi})^{\tau}$ ist die dem System z. Z. τ zugeordnete Menge von
Systemabbildungen (bisher mit S^{τ} bezeichnet).

Durch die lokalen Systemabbildungen (14) ist die
„globale" Systemabbildung

$$H: \dot{X}/_{r_0,t_0} \to \dot{Y}/U^{*\tau}_{r_0,t_0}; \quad H([\dot{x}]) = [\dot{y}] \qquad (15\,\mathrm{a})$$

mit

$$H([\dot{x}])\,(r)\,(t) = H_{r,t}([\dot{x}]_{r,t}) \qquad (15\,\mathrm{b})$$

definiert. H^{τ} ist dann definiert durch

$$H^{\tau} = \{H \mid \Phi_{r,t}H_{r,t} = S^{\varphi}_{r,t}; \ S^{\varphi} \in (S^{\varphi})^{\tau}; \ (r,t) \in U^{*\tau}_{r_0,t_0}\}. \qquad (15\,\mathrm{c})$$

$\dot{Y}/U^{*\tau}_{r_0,t_0}$ ist durch (13) und (5, b, c) gegeben.

Die Ausgabe $[\dot{y}]$ ist nur im Bereich $U^{*\tau}_{r_0,t_0} \subset U^{\tau}_{r_0,t_0}$
durch $[\dot{x}]$ bestimmt; denkt man sich aber $[\dot{x}]$ im Sinne

von (12b) für alle $(r, t) \in R \times T$ definiert, so gilt Entsprechendes auch für $[\dot{y}]$.

Nach (15b) und Satz 3 ist H formal eine Systemabbildung von $\dot{X}/_{r_0,t_0}$ in $\dot{Y}/U^{*\tau}_{r_0,t_0}$, d. h., es gilt auch

$$H\left([\dot{x}_1] \circ^\tau [\dot{x}_2]\right) = H([\dot{x}_1]) \circ^\tau H\left([\dot{x}_1] \circ^\tau [\dot{x}_2]\right) . \quad (16)$$

Nach Abschnitt 2.1, c gilt das gleiche dann aber auch für

$$H_{[\dot{x}_1],\tau} \colon H_{[\dot{x}_1],\tau}([\dot{x}_2]) = H\left([\dot{x}_1] \circ^\tau [\dot{x}_2]\right) . \quad (17)$$

Mit den im Vorstehenden eingeführten Begriffen können die durch die endliche Ausbreitungszeit von Wirkungen hervorgerufenen Phänomene nun bequem beschrieben werden.

Im Weiteren wird gezeigt, daß über die bereits in (1) und (2) angegebenen lokalen Zustandsgleichungen speziellere Aussagen gemacht werden können, wenn die Strukturfunktion φ bekannt ist und berücksichtigt wird.

Das Aufstellen der Zustandsgleichungen erfolgt nach dem in Abschnitt 2.1 gegebenen Vorbild, wobei aber nun die durch die Strukturfunktion φ gegebenen Besonderheiten zu berücksichtigen sind.

Nach (15) gilt

$$\begin{aligned}
y &= H([\dot{x}]) \, (r_0) \, (t_0) \\
&= H_{r_0}([\dot{x}]) \, (t_0), \quad [\dot{x}] \in \dot{X}/_{r_0,t_0}, \quad H \in \boldsymbol{H}^\tau .
\end{aligned} \quad (18)$$

Hiernach hängen die Werte von H_{r_0} nur von $\dot{x} \mid U^\tau_{r_0,t_0}$ ab, wobei die Menge (vgl. (5a); Abb. 2.10)

$$\begin{aligned}
U &= U^\tau_{r_0,t_0} = \boldsymbol{\mu}(r_0, t_0, \tau) \\
&= \{(\bar{r}, \bar{\tau}) \mid \tau \leqq \bar{\tau} \leqq \varphi_{r_0,t_0}(\bar{r}); \, \bar{r} \in R\}
\end{aligned} \quad (19)$$

als raum-zeitliche (*Eingabe-*)*Umgebung* des Gitterpunktes r_0 z. Z. t_0 bezeichnet wird. $\boldsymbol{\mu}$ soll *Umgebungsfunktion* (*der Eingabe*) genannt werden; sie bringt zum Ausdruck, daß an der Stelle $r' = r_1$ nur das Wort segment

$$[\dot{\boldsymbol{x}}(r_1)]_{[\tau,t_1]}\,,\quad t_1=\varphi_{r_0,t_0}(r_1) \tag{20}$$

in die Wertbildung eingeht (Abb. 2.11). Wörter $\dot{\boldsymbol{x}}(r')$ an Gitterpunkten r', die nicht zur *Nachbarschaft*

$$N=\mu(r_0,\,t_0,\,\tau)=\{r'\mid \tau\leqq\varphi_{r_0,t_0}(r'),\,r'\in R\} \tag{21a}$$

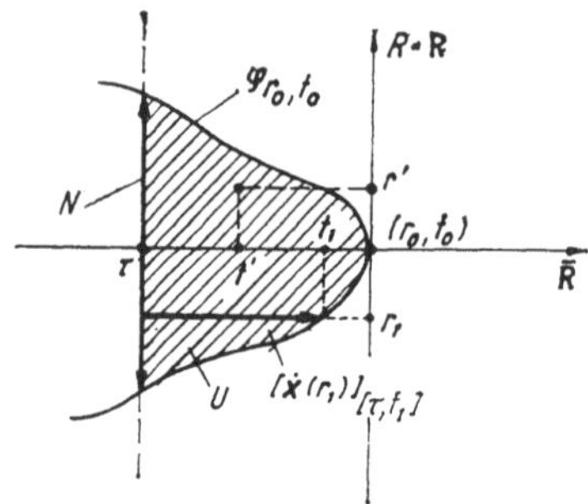

Abb. 2.11. Nachbarschaft N

(*der Eingabe*) von $r_0\in R$ gehören, wirken in keiner Weise bei der Bildung des Ausgabebuchstabens $y=y^{r_0,t_0}$ mit.

Es sei angenommen, daß für alle $\tau'\leqq t_0$ immer (r_0,τ') zur Umgebung U_{r_0,t_0} von $r_0\in R$ gehört:

$$\tau'\leqq t_0\Rightarrow\tau'\leqq\varphi_{r_0,t_0}(r_0)\,. \tag{21b}$$

Speziell für $\tau=t_0$ fallen die Begriffe Umgebung und Nachbarschaft wegen (4) zusammen; die Menge

$$\begin{aligned}U&=\boldsymbol{\mu}(r_0,\,t_0,\,t_0)=\boldsymbol{\mu}^0(r_0,\,t_0)=U_0\\&=\{(r',\,t_0)\mid t_0=\varphi_{r_0,t_0}(r');\,r'\in R\}\end{aligned} \tag{22a}$$

ist dann eineindeutig der Menge

$$\begin{aligned}N_0&=\mu(r_0,\,t_0,\,t_0)=\mu_0(r_0,\,t_0)\\&=\{r'\mid t_0=\varphi_{r_0,t_0}(r'),\,r'\in R\}\end{aligned} \tag{22b}$$

zugeordnet.

Wir werden analog (20)

$$\mu_0\colon R \times T \to \mathfrak{P}(R) \tag{22c}$$

als *Nachbarschaftsfunktion* (*der Ausgabe*) und N_0 als (*Ausgabe-*)*Nachbarschaft* des Gitterpunktes r_0 z. Z. t_0 bezeichnen.

Die weiteren Umformungen von (18) erfolgen nun analog zu den Darlegungen in Abschnitt 2.1, d.

Wir erhalten zunächst für $t_0 > \tau$ aus (18), daß y eine Funktion von $\tau, H, \dot{x} \mid U, r_0$ und t_0 bzw. $\tau, r_0\, H_{r_0}, \dot{x} \mid U$ und t_0 ist. Man kann aber wegen (19) y auch als Funktion von $H \in \boldsymbol{H}^\tau$ bzw.

$$H_{r_0}\colon H_{r_0}([\dot{x}]) = H([\dot{x}])\,(r_0) \tag{23}$$

sowie $\dot{x}, \tau, t_0, r_0$ (und $\boldsymbol{\mu}$) ansehen. Damit gilt

$$\begin{aligned}
y &= G_0(H_{r_0}, \dot{x} \mid \boldsymbol{\mu}(r_0, t_0, \tau), \tau, t_0, r_0) \tag{24a}\\
&= G'(H, \dot{x}, \tau, t_0, r_0, \boldsymbol{\mu})
\end{aligned}$$

bzw.

$$y = G(H_{r_0}, \dot{x}, \tau, t_0, r_0, \boldsymbol{\mu}) \,. \tag{24b}$$

Speziell für $\tau = t_0$ (vgl. die entsprechenden Überlegungen aus (2.1–27 f. f) gilt mit (19a), (22b), (23) und (24)

$$\begin{aligned}
y &= G_0(H_{r_0}, \dot{x} \mid \boldsymbol{\mu}^0(r_0, t_0), t_0, t_0, r_0)\\
&= G(H_{r_0}, (t_0, \dot{x}(t_0)), t_0, t_0, r_0, \mu_0)\\
&= g(H_{r_0}, \dot{x}, t_0, r_0, \mu_0)\\
&= g_{r_0}(H_{r_0}, \dot{x}, t_0, \mu_0) \,. \tag{25}
\end{aligned}$$

Mit (25) ist eine der aufzustellenden Zustandsgleichungen (2. Zustandsgleichung) gefunden. Im nachfolgenden Abschnitt kommen wir zur Formulierung der 1. Zustandsgleichung für zellulare Systeme mit endlicher Ausbreitungszeit der Systemprozesse.

d) Zustandsgleichungen II. Da $H \in \boldsymbol{H}^\tau$ formal den Bedingungen einer Systemabbildung genügt, gilt analog

(2.1–30) für $\tau \leqq \tau_1$

$$H'_{r_0} = (H_{[\boldsymbol{x}_1], \tau_2})_{r_0}; \quad H' \in \boldsymbol{H}^{\tau_2}, \ H \in \boldsymbol{H}^{\tau_1}, \ [\dot{\boldsymbol{x}}_1] \in \dot{\boldsymbol{X}}/_{r_0, t_0} \ . \quad (26)$$

Diese Beziehung folgt auch direkt aus (2.1–30), wenn man noch die aus (14) und (15) folgende Beziehung

$$S(\dot{\boldsymbol{x}})\,(r_0)\,(\bar{t}) = H_{r_0}([\dot{\boldsymbol{x}}])\,(\bar{t}); \quad [\dot{\boldsymbol{x}}] \in \dot{\boldsymbol{X}}/_{r_0, t_0},$$
$$H \in \boldsymbol{H}^\tau, \quad S \in \boldsymbol{S}^\tau, \quad \tau \leqq \bar{t} \leqq t_0 \qquad (27)$$

berücksichtigt:

$$S'(\dot{\boldsymbol{x}})\,(r_0)\,(\bar{t}) = S_{\dot{\boldsymbol{x}}_1, \tau_2}(\dot{\boldsymbol{x}})\,(r_0)\,(\bar{t}); \quad S' \in \boldsymbol{S}^{\tau_2}, \quad S \in \boldsymbol{S}^{\tau_1}$$
$$= H'_{r_0}([\dot{\boldsymbol{x}}])\,(\bar{t}) = H_{r_0}\,[\dot{\boldsymbol{x}}_1 \circ^{\tau_2} \dot{\boldsymbol{x}}]\,(\bar{t})$$
$$= (H_{[\dot{\boldsymbol{x}}_1], \tau_2})_{r_0}\,([\dot{\boldsymbol{x}}])\,(\bar{t}); \quad [\dot{\boldsymbol{x}}_1] \in \dot{\boldsymbol{X}}/_{r_0, t_0}, \quad \tau_2 \leqq t_0 \ .$$

Analog (2.1–30) ist demzufolge für $\tau_1 = \tau \leqq t_0 = \tau_2$

$$H'_{r_0} = F'(H, \dot{\boldsymbol{x}} \mid U', \tau, t_0, r_0); \quad H' \in \boldsymbol{H}^{t_0}, \ H \in \boldsymbol{H}^\tau \ , \qquad (28\,\mathrm{a})$$

worin U' durch (19) gegeben ist:

$$U' = U \backslash U_0 = \boldsymbol{\mu}'(r_0, t_0, \tau) \ . \qquad (28\,\mathrm{b})$$

Wir untersuchen noch die Eigenschaften von H in (28).

Nach (13) gilt für alle $\tau \leqq \bar{t} \leqq t_0$

$$U^{*\tau}_{r_0, t_0} = \{(\bar{r}, \bar{t}) \mid \underset{\tau \leqq \bar{t} \leqq \bar{t}}{\forall}\,(\mu(\bar{r}, \bar{t}, t) \subset \mu(r_0, t_0, t))\}, \quad (29\,\mathrm{a})$$

wenn man berücksichtigt, daß gilt

$$U_{r, t} = \{(\tau, \mu(r, t, \tau))\} \ .$$

Damit definieren wir analog (21 a) die Gitterpunktmenge

$$N^* = \{\bar{r} \mid \mu_0(\bar{r}, \tau) \subset \mu(r_0, t_0, \tau)\} \qquad (29\,\mathrm{b})$$
$$= \lambda(r_0, t_0, \tau)$$

(vgl. Abb. 2.10), die wir analog (21 a) als *Nachbarschaft des Zustandes* bezeichnen werden. λ heißt entsprechend *Nachbarschaftsfunktion* des Zustandes.

H in (28) ist eine Abbildung des Typs (15a). Damit ist aber H durch die Familie $(H_r)_{r \in N^*}$ der (15) zugeordneten Abbildungen

$$H_r: H_r([\dot{\boldsymbol{x}}]) = H([\dot{\boldsymbol{x}}]) \, (r) = [\dot{\boldsymbol{y}}] \, (r) \tag{30}$$

vollständig beschrieben, und für (28) kann genauer gesetzt werden

$$H'_{r_0} = F'((r, H_r)_{r \in N^*}, \quad \dot{\boldsymbol{x}} \mid U', \tau, t_0, r_0) \, . \tag{31}$$

Nun entspricht nach Satz 3 jedem H_r ein S_r; denn es gilt

$$\begin{aligned} H_r([\dot{\boldsymbol{x}}]_{r_0,t_0}) \, (\tau) &= H_{r,\tau}([\dot{\boldsymbol{x}}]_{r_0,t_0}) \\ &= H_{r,\tau}([\dot{\boldsymbol{x}}]_{r,\tau}) \\ &= S_{r,\tau}(\dot{\boldsymbol{x}}) = S_r(\dot{\boldsymbol{x}}) \, (\tau) \\ &= H_r[\Phi_{r_0,t_0}(\dot{\boldsymbol{x}})] \, (\tau) \end{aligned}$$

und damit (unabhängig von (r_0, t_0))

$$\Phi_{r_0,t_0} H_r = S_r \, .$$

Wie in (2.1–37) führen wir deshalb noch die Zustandskonfigurationen

$$\dot{z}: R \to Z, \quad Z = \{H_r \mid r \in R, H \in \cup_\tau \boldsymbol{H}^\tau\},$$

definiert durch

$$\dot{z}(r) = H_r = z \in Z \, ,$$

ein. Damit lautet (31)

$$z = F''(\dot{z} \mid N^*, \dot{\boldsymbol{x}} \mid U', \tau, t_0, r_0) \, . \tag{32}$$

Den lokalen Zustandsgleichungen (32) und (25) geben wir mit Vorstehendem nun die endgültige Form

$$\begin{aligned} z &= F_0(\dot{z} \mid \lambda(r_0, t_0, \tau), \dot{\boldsymbol{x}} \mid \boldsymbol{\mu}'(r_0, t_0, \tau), \tau, t_0, r_0) \\ &= F(\dot{z}, \boldsymbol{x}, \tau, t_0, r_0, \lambda, \boldsymbol{\mu}') \end{aligned} \tag{33a}$$

und

$$y = g_0(\dot{z}(r_0), \dot{x} \mid \mu_0(r_0, t_0), t_0, r_0) \qquad (33\,\text{b})$$
$$= g(z, \dot{x}, t_0, r_0, \mu_0) \ .$$

Die Untersuchungen und Ergebnisse im Anschluß an die Systemdefinition (2.1–23) haben gezeigt, daß die Definition eines zellularen Systems im allgemeinen enger gefaßt werden kann, als es in Def. 2 (Abschnitt 2.1) geschehen ist.

Die gesamten vorstehenden Betrachtungen zusammenfassend geben wir daher folgende engere, auf die lokalen Eigenschaften eines zellularen Systems zugeschnittene

Def. 3: Ein (kausales, dynamisches) abstraktes zellulares System ist eine algebraische Struktur

$$\mathfrak{S} = (X, \boldsymbol{X}, \dot{\boldsymbol{X}}, Y, Z, \dot{Z}, R, T, \varphi, \boldsymbol{\mu}, \mu, \mu_0, \lambda, F, g) \qquad (34\,\text{a})$$

mit folgenden Eigenschaften.

A) Grundmengen.

(1) X, $\boldsymbol{X}$, $\dot{\boldsymbol{X}}$, Y, R, T sind Mengen im Sinne von Def. 2 (Abschnitt 2.1).

(2) Z ist eine nichtleere Menge (*Zustandsalphabet*).

(3) $\dot{Z}$ ist eine nichtleere Menge (*Konfigurationsraum*) von Abbildungen (*Zustandskonfigurationen*)

$$\dot{z}\colon R \rightarrow Z \ .$$

B) Raumstruktur.

(4) $\varphi\colon R \times T \times R \rightarrow \bar{\boldsymbol{R}}$ ist eine Abbildung (*Strukturfunktion*) mit den Eigenschaften:

$$\alpha) \ \varphi(r, t, r') \leqq t \ ,$$
$$\beta) \ \varphi(r, t, r) = t \ , \qquad (34\,\text{b})$$
$$\gamma) \ t' \leqq t \Rightarrow \varphi(r, t', r') \leqq \varphi(r, t, r')$$

für alle $r, r' \in R$.

(5) $\boldsymbol{\mu}\colon R \times T \times \bar{\boldsymbol{R}} \rightarrow \mathfrak{P}(R \times \bar{\boldsymbol{R}})$ ist eine Abbildung (*Umgebungsfunktion der Eingabe in* (r, t) mit den Eigen-

schaften

$\alpha)$ $\mu(r, t, \tau)$ ist definiert für alle $\tau \leqq t$,

$\beta)$ $\mu(r, t, \tau) = \{(\bar{r}, \bar{\tau}) \mid \tau \leqq \bar{\tau} \leqq \varphi(r, t, \bar{r}), \bar{r} \in R\}$,   (34c)

$\gamma)$ $r \in \mu(r, t, \tau)$ für alle $\tau \leqq t$.

(6) $\mu \colon R \times T \times \bar{\mathbf{R}} \to \mathfrak{P}(R)$ ist eine Abbildung (*Nachbarschaftsfunktion der Eingabe*) mit den Eigenschaften

$\alpha)$ $\mu(r, t, \tau)$ ist definiert für alle $\tau \leqq t$,

$\beta)$ $\mu(r, t, \tau) = \{\bar{r} \mid \tau \leqq \varphi(r, t, \bar{r}), \bar{r} \in R\}$,   (34d)

$\gamma)$ $r \in \mu(r, t, \tau)$ für alle $\tau \leqq t$.

(7) $\mu_0 \colon R \times T \to \mathfrak{P}(R)$ ist eine Abbildung (*Nachbarschaftsfunktion der Ausgabe*) mit den Eigenschaften

$\alpha)$ $\mu_0(r, t) = \mu(r, t, t)$,   (34e)

$\beta)$ $r \in \mu_0(r, t)$.

(8) $\lambda \colon R \times T \times \bar{\mathbf{R}} \to \mathfrak{P}(R)$ ist eine Abbildung (*Nachbarschaftsfunktion des Zustandes*) mit den Eigenschaften

$\alpha)$ $\lambda(r, t, \tau)$ ist definiert für alle $\tau \leqq t$,

$\beta)$ $\lambda(r, t, \tau) = \{\bar{r} \mid \mu_0(\bar{r}, \tau) \subset \mu(r, t, \tau)\}$,   (34f)

$\gamma)$ $\lambda(r, t, t) = \{r\}$.

C) Systemabbildungen.

(9) $F \colon \dot{Z} \times \dot{X} \times T^2 \times R \times \Lambda \times M \to Z$ ist eine Abbildung (*lokale Überführungsfunktion*) mit den Eigenschaften

$\alpha)$ $F(\dot{z}, \dot{x}, t_1, t_2, r, \lambda, \mu)$ ist definiert für alle $t_1 \leqq t_2$ und alle $(t_1, \dot{z}) \in P_h \subset T \times \dot{Z}^*$,

$\beta)$ $F(\dot{z}, \dot{x}_1 \circ^{\tau'} \dot{x}_2, t_1, t_2, r, \lambda, \mu)$ (34g)
     $= F(F(\dot{z}, x_1, t_1, \tau', \cdot, \lambda, \mu), x_2, \tau', t_2, r, \lambda, \mu)$,

$\gamma)$ $F(\dot{z}, \dot{x}, t, t, r, \lambda, \mu) = \dot{z}(r)$,

$\delta)$ $\dot{z}_1 \mid \lambda(r, t_2, t_1) = \dot{z}_2 \mid \lambda(r, t_2, t_1) \Rightarrow F(\dot{z}_1, \dot{x}, - - -)$
     $= F(\dot{z}_2, \dot{x}_1, - - -)$,

$\varepsilon)$ $\dot{x}_1 \mid \mu'(r, t_2, t_1) = \dot{x}_2 \mid \mu'(r, t_2, t_1) \Rightarrow F(\dot{z}, \dot{x}_1, - - -)$
     $= F(\dot{z}, \dot{x}_2, - - -)$.

(10) $g: Z \times \dot{X} \times T \times R \times M_0 \to Y$ ist eine Abbildung (*lokale Ergebnisfunktion*) mit der Eigenschaft

α) $g(z, \dot{x}, t, r, \mu_0)$ ist definiert für alle
$$(r, \dot{x}) \in P_h' \subset T \times \dot{X} , \qquad (34\text{h})$$
β) $\dot{x}_1 \mid \mu_0(r, t) = \dot{x}_2 \mid \mu_0(r, t) \Rightarrow g(z, \dot{x}_1, - - -)$
$$= g(z, \dot{x}_2, - - -) .$$

Eine Motivation für die Einführung der Grundmengen unter A) ergibt sich unmittelbar aus Def. 2 in Abschnitt 2.1. und aus den letzten Überlegungen aus Abschnitt 2.2.

Die postulierten Eigenschaften der Strukturfunktion φ unter B) ergeben sich aus (4b) und (21b) sowie aus der Forderung, daß r (außer zu $\mu(r, t, \tau)$) auch zu $\lambda(r, t, \tau)$ gehören soll. Denn aus $7, \beta$) in Def. 3 ergibt sich aus $r \in \lambda(r, t, \tau)$ die Bedingung ($\tau' \leqq t \leqq t'$)

$$\mu(r, \tau, \tau) = \mu_0(r, \tau) \subset \mu(r, t, \tau) \subset \mu(r, t', \tau) \qquad (35)$$

oder mit (21a)

$$\varphi_{r,\tau}(r') \leqq \varphi_{r,t}(r') \quad \text{bzw.} \quad \varphi(r, \tau, r') \leqq \varphi(r, t, r') .$$

Die Eigenschaften unter B, 5) bis B, 7) folgen aus B, 4) und den Definitionen 5β), 6α) und 7β).

Die Abbildungseigenschaften von F und g unter C) sind durch die ausführlichen Untersuchungen in Abschnitt 2.2. ausreichend motiviert.

Die Funktionen φ, $\boldsymbol{\mu}$, μ, μ_0 und λ sind nicht unabhängig voneinander.

Durch φ sind $\boldsymbol{\mu}$, μ, μ_0 und λ mitbestimmt. $\boldsymbol{\mu}$ ist durch φ definiert, μ ist der „Vorbereich" von $\boldsymbol{\mu}$ und μ_0 ein Sonderfall von μ. λ ist durch μ und μ_0 definiert.

Umgekehrt ist φ durch $\boldsymbol{\mu}$ und $\boldsymbol{\mu}$ durch μ bestimmt:

$$\varphi(r, t, \bar{r}) = \sup \{\bar{t} \mid (\bar{r}, \bar{t}) \in \boldsymbol{\mu} (r, t, -\infty)\} , \qquad (36\text{a})$$

$$\boldsymbol{\mu}(r, t, \tau) = \{(\bar{r}, \bar{t}) \mid \bar{r} \in \mu(r, t, \bar{t}), \bar{t} \in [\tau, t]\} . \qquad (36\text{b})$$

Damit kann die Struktur des Raumes R auch durch μ charakterisiert werden.

Wir notieren ferner noch folgenden Zusammenhang zwischen μ, μ_0 und λ:

$$\mu(r, t, \tau) = \bigcup_{r' \in \lambda(r,t,\tau)} \mu_0(r', \tau) . \tag{37}$$

Weitere Eigenschaften von λ und μ ergeben sich aus den Eigenschaften der Überführungsfunktion F. Man erhält für $t_1 \leqq t_2 \leqq t_3$

$$\lambda[\lambda(r, t_3, t_2), t_2, t_1] = \lambda(r, t_3, t_1) = \bigcup_{r' \in \lambda(r,t_3,t_2)} \lambda(r', t_2, t_1) , \tag{38a}$$

$$\mu[\lambda(r, t_3, t_2), t_2, t_1] = \mu(r, t_3, t_1) = \bigcup_{r' \in \lambda(r,t_3,t_2)} \mu(r', t_2, t_1) . \tag{38b}$$

Die Gültigkeit dieser Beziehungen werden wir im Fall des Systems mit diskreter Zeit verifizieren, wobei sich dann auch durch eine unwesentliche Verallgemeinerung der Zusammenhang (38) ergibt.

3. Systemklassifizierung

Übersicht zu Abschnitt 3

Ausgehend von der Zustandsdefinition des zellularen Systems $\mathfrak{S}$ in Abschnitt 2.1. werden zunächst die wichtigsten Systemklassen definiert. Es handelt sich hier um die Systeme mit zeitinvarianter Kopplungsstruktur und Überführungs- und Ergebnisfunktion, um Systeme mit ortsinvarianter Kopplungsstruktur, Überführungs- und Ergebnisfunktion F und g sowie um Systeme mit einer gewissen Richtungsinvarianz (Isotropie).

Werden die Träger der Struktur $\mathfrak{S}$ als lineare Räume vorausgesetzt, so kann man die linearen Systeme durch lineare Operatoren F und g definieren.

Von besonderer Bedeutung sind die Systeme mit diskreter Zeit und diskretem Raum (Abschnitt 3.2), deren spezielle Grundeigenschaften, insbesondere die der

Nachbarschaftsfunktionen, relativ ausführlich diskutiert werden. Der einfache Fall des zeitinvarianten diskreten Systems (diskrete Zeit und diskreter Raum) bildet den letzten Unterabschnitt. Er enthält insbesondere ein paar Überlegungen zur Musterausbreitung in zellularen Systemen.

3.1. *Grundklassen*

a) Zeitinvarianz. Die durch Def. 3 in Abschnitt 2.2. definierte algebraische Struktur beschreibt eine relativ allgemeine und umfangreiche Klasse dynamischer Systeme mit räumlich verteilten Eingangs-, Ausgangs- und Zustandsprozessen. Eine Einteilung in speziellere Systemklassen ergibt sich durch

a) zusätzliche Bedingungen für die Mächtigkeiten der Grundmengen, durch

b) Spezialisierung der Strukturfunktion φ und

c) der Systemabbildungen F und g.

Darüber hinaus ergeben sich wichtige Teilklassen von Systemen durch

d) Einführung geeigneter algebraischer oder topologischer Strukturen für die Grundmengen des Systems $\mathfrak{S}$.

Nachstehend werden wir einige Systemklassen definieren, die einerseits für die Anwendung (z. B. in der Mikroelektronik und Rechentechnik) besonders wichtig sind, andererseits aber auch auf erhebliche mathematische Vereinfachungen führen.

Def. 1a: Ein zellulares System heißt *zeitinvariant*, wenn gilt:

1. T ist eine abelsche Gruppe.

2. $\dot{X}$ ist bezüglich der *Signaltranslation* abgeschlossen:

$$\dot{x} \in \dot{X} \Rightarrow (\nabla^t \dot{x}) \in \dot{X}$$

für alle $t \in T$.

$$3. \qquad F(\dot{z},\ \nabla^t \dot{x}, t_1 + t, t_2 + t, r, \lambda, \mu) \qquad (1\,\mathrm{a})$$
$$= F(\dot{z}, \dot{x}, t_1, t_2, r, \lambda, \mu)\,.$$

Dabei ist der Translationsoperator durch

$$(\nabla^t \dot{x})\,(t_1 + t) = \dot{x}(t_1) \tag{1b}$$

definiert.

4. $$g(z, x, t, r, \mu_0) = g(z, x, t + t', r, \mu_0)\,. \tag{1c}$$

Folgerung 1: *Aus der 3. Bedingung folgt für* $t = -t_1$

$$F\,(\dot{z},\, \nabla^{-t_1}\dot{x},\, 0,\, t_2 - t_1,\, r,\, \lambda,\, \mu) \tag{2}$$
$$= F(\dot{z},\, \dot{x},\, t_1,\, t_2,\, r,\, \lambda,\, \mu) = \tilde{F}(\dot{z},\, \dot{x}',\, t',\, r,\, \lambda,\, \mu)$$

mit $t' = t_2 - t_1,\ \dot{x}' = \nabla^{-t_1}\dot{x}$. Zeitinvariante Systeme können also einfacher durch eine Überführungsfunktion $\tilde{F}$
entsprechend (2) beschrieben werden. Entsprechend gilt
für g mit $t' = -t$

$$g(z, x, t, r, \mu_0) = g(z, x, 0, r, \mu_0) = \tilde{g}(z, x, r, \mu_0)\,. \tag{3}$$

Folgerung 2: *Die Bedingung* (2.2–34g, ε) *verlangt
wegen* (1a):

$$\dot{x}\mid\mu(r, t_2, t_1) = \dot{x}\mid\mu(r, t_2, t_1)$$
$$\Rightarrow F\,(\dot{z}, \nabla^t\dot{x}, t_1 + t, t_2 + t, r, \lambda, \mu)$$
$$= F\,(\dot{z}, \nabla^t\dot{x}', t_1 + t, t_2 + t, r, \lambda, \mu)\,.$$

Diese Implikation ist wegen (2.2–34, g, ε) allgemein nur
wahr für

$$\nabla^t[x\mid\mu(r, t_2, t_1)] = (\nabla^t x)\mid\mu\,(r, t_2 + t, t_1 + t)\,. \tag{4}$$

Man verifiziert leicht, daß diese Bedingung wegen
(2.2–34c) nur für eine *translationsinvariante (zeitinvariante) Strukturfunktion* φ erfüllbar ist:

$$\varphi\,(r, t + t', r') = \varphi(r, t, r') + t'$$

oder ($t' = -t$)

$$\varphi(r, 0, r') = \varphi(r, t, r') - t = \tilde{\varphi}(r, r')\,. \tag{5}$$

5 Wunsch

Ist (5) nicht erfüllt, so ist es im allgemeinen auch (4) und damit auch (1a) nicht. Zeitinvariante Systeme besitzen damit eine translationsinvariante Strukturfunktion φ.

Hieraus folgt sofort, daß sich auch die Nachbarschaftsfunktionen μ, μ_0 und λ entsprechend vereinfachen: Aus (2.2–34c, e) folgt z. B.

$$\lambda\,(r,\,t+t',\,\tau+t') = \lambda\,(r,\,t,\,\tau)\,, \qquad (6a)$$
$$\mu_0\,(r,\,t+t') = \mu_0(r,\,t)\,.$$

Man kann also setzen ($t' = -\tau$ bzw. $-t$)

$$\lambda(r,\,t,\,\tau) = \lambda\,(r,\,t-\tau,\,0) = \bar{\lambda}(r,\,t)\,, \qquad (6b)$$
$$\mu_0(r,\,t) = \mu_0(r,\,0) = \bar{\mu}_0(r)\,.$$

Die erste Beziehung in (6a) ergibt sich auch direkt aus (2.2–34g, δ) und (1a).

Zeitinvariante zellulare Systeme besitzen eine zeitinvariante Strukturfunktion und damit zeitinvariante Umgebungs- und Nachbarschaftsfunktionen. Die Umkehrung braucht nicht zu gelten.

Def. 1b: Ein zellulares System heißt System mit *zeitinvarianter Struktur*, wenn gilt:

1. T ist eine abelsche Gruppe;
2. $\dot{X}$ ist translationsabgeschlossen;
3. $\varphi\,(r,\,t+t',\,r') = \varphi(r,\,t,\,r') + t'$.

Für Systeme dieser Klasse gelten die in (6) angegebenen Eigenschaften.

Folgerung 3: *Nach (2) ist $\dot{z}$ einerseits ein Element des Konfigurationsraumes $\dot{Z}^{t_1}$, andererseits (linke Seite von (2)) auch ein Element von $\dot{Z}^0$, dem Raum der Anfangskonfigurationen. Also ist für alle t*

$$\dot{Z}^t = \dot{Z}^0\,. \qquad (7)$$

Der Phasenraum P_h der Zustandskonfigurationen fällt also bei zeitinvarianten Systemen mit dem Raum $T \times \dot{Z}^*$ zusammen (zeitinvarianter Zustands-Konfigurationsraum). Entsprechendes gilt wegen (1c) für $\dot{X}^t$.

b) Homogenität. Analog zur Invarianz der Systemfunktionen F und g gegenüber einer Zeittranslation ist die Invarianz bezüglich einer Ortsverschiebung (Homogenität) definiert.

Def. 2a: Ein zellulares System heißt *homogen*, wenn gilt:

1. R ist eine abelsche Gruppe;
2. $\dot{X}$ ist bezüglich der (räumlichen) Translation abgeschlossen:

$$\dot{x} \in \dot{X} \Rightarrow (\nabla^r \dot{x}) \in \dot{X};$$

3. $\dot{Z}^\tau$ ist bezüglich der (räumlichen) Translation abgeschlossen:

$$\dot{z} \in \dot{Z}^\tau \Rightarrow (\nabla^r \dot{z}) \in \dot{Z}^\tau.$$

Dabei ist ∇^r wie in (1 b) durch

$$(\nabla^{r'} \dot{x})\,(r + r') = \dot{x}(r),$$
$$(\nabla^{r'} \dot{z})\,(r + r') = \dot{z}(r)$$

definiert;

4. $$F\,(\nabla^r \dot{z}, \nabla^r \dot{x}, t_1, t_2, r_1 + r, \lambda, \mu) \qquad (8\,\text{a})$$
$$= F(\dot{z}, \dot{x}, t_1, t_2, r_1, \lambda, \mu);$$

5. $$g\,(z, \nabla^r \dot{x}, t, r_1 + r, \mu_0) = g(z, \dot{x}, t, r_1, \mu_0). \qquad (8\,\text{b})$$

Folgerung 1: *Wegen* (2.2–34g, ε) *und* (8) *besteht die Bedingung*

$$\dot{x} \mid \mu(r, t_2, t_1) = \dot{x}' \mid \mu(r, t_2, t_1)$$
$$\Rightarrow F\,(\nabla^r \dot{z}, \nabla^r \dot{x}, t_1, t_2, r_1 + r, \lambda, \mu)$$
$$= F\,(\nabla^r \dot{z}, \nabla^r \dot{x}', t_1, t_2, r_1 + r, \lambda, \mu),$$

die für

$$\nabla^r(\dot{x} \mid \mu(r_1, t_2, t_1)) = (\nabla^r \dot{x}) \mid \mu\,(r_1 + r, t_2, t_1) \qquad (9\,\text{a})$$

erfüllt ist. Ebenso ergibt sich mit (2.2–34g, δ) *die Forderung*

$$\nabla^r(\dot{z} \mid \lambda(r_1, t_2, t_1)) = (\nabla^r \dot{z}) \mid \lambda\,(r_1 + r, t_2, t_1). \qquad (9\,\text{b})$$

Wie in Abschnitt a) bei der Analyse zeitinvarianter Systeme ergibt sich, daß (9) nur für *ortsinvariante Strukturfunktionen* φ erfüllbar ist:

$$\varphi\,(r+r_0,\,t,\,r'+r_0)=\varphi\,(r,\,t,\,r')$$

oder

$$\varphi\,(0,\,t,\,r'-r)=\varphi(r,\,t,\,r')=\tilde{\varphi}(t,\,\overline{r})\ . \tag{10}$$

Führt man noch die Operation

$$R'+r=\{r'+r\mid r'\in R'\},\quad R'\subset R\ , \tag{11}$$

ein, so können die mit (10) sich für $\mu,\ \mu_0$ und λ ergebenden Bedingungen wie folgt geschrieben werden:

$$\begin{aligned}
\mu\,(r+r',\,t_2,\,t_1) &=\mu(r,\,t_2,\,t_1)+r',\\
\mu_0\,(r+r',\,t) &=\mu_0(r,\,t)+r',\\
\lambda\,(r+r',\,t_2,\,t_1) &=\lambda(r,\,t_2,\,t_1)+r'
\end{aligned} \tag{12a}$$

oder $(r'=-r)$

$$\begin{aligned}
\mu(0,\,t_2,\,t_1) &=\mu(r,\,t_2,\,t_1)-r=\tilde{\mu}(t_2,\,t_1)\ ,\\
\mu_0(0,\,t) &=\mu_0(r,\,t)-r=\tilde{\mu}_0(t)\ ,\\
\lambda(0,\,t_2,\,t_1) &=\lambda(r,\,t_2,\,t_1)-r=\tilde{\lambda}(t_2,\,t_1)\ .
\end{aligned} \tag{12b}$$

Folgerung 2: *Mit* $r=-r_1$ *folgt aus* (8)

$$\begin{aligned}
F(\nabla^{-r_1}\dot{z},\ \nabla^{-r_1}\dot{x},\,t_1,\,t_2,\,0,\,\lambda,\,\mu) &\tag{13}\\
=F(\dot{z},\,\dot{x},\,t_1,\,t_2,\,r_1,\,\lambda,\,\mu)=\tilde{F}(\dot{z}',\,\dot{x}',\,t_1,\,t_2,\,\lambda,\,\mu)\ ,&\\
g(z,\ \nabla^{-r_1}\dot{x},\,t,\,0,\,\mu_0)=g(z,\,\dot{x},\,t,\,r,\,\mu_0)&\\
=\tilde{g}(z,\,\dot{x},\,t,\,\mu_0)\ .&
\end{aligned}$$

Hiernach können homogene Systeme durch ortsunabhängige Systemabbildungen $\tilde{F}$ und $\tilde{g}$ beschrieben werden.

Aus der Ortsinvarianz der Strukturfunktion φ folgt nicht die Homogenität der zellularen Struktur.

Def. 2b: Ein zellulares System heißt System mit *ortsinvarianter Struktur* oder System mit *homogenem* *zellularem Raum*, wenn gilt:

1. R ist eine abelsche Gruppe;
2. $\dot{X}$ und $\dot{Z}$ sind translationsabgeschlossen;
3. $\varphi\,(r+r_0,\,t,\,r'+r_0)=\varphi(r,\,t,\,r')$.

Für die Systeme dieser Klasse gelten die in (12) angegebenen Eigenschaften.

c) Isotropie. Die lokalen Systemfunktionen F und g sind im allgemeinen nicht invariant gegenüber Permutationen (eineindeutige Abbildungen) der Elemente des Nachbereiches von $\dot{z}\mid\lambda(r,\,t,\,\tau)$, $\dot{x}\mid\mu(r,\,t,\,\tau)$ bzw. $\dot{x}\mid\mu_0(r,t)$ in sich.

Ist Ψ_z eine eineindeutige Abbildung von $N^*=\lambda(r,\,t,\,\tau)$ in sich:

$$\Psi_z: N^* \leftrightarrow N^*, \quad \Psi(r)=r, \quad r\in N^*, \qquad (14\,\text{a})$$

so definieren wir wie folgt:

Def. 3: Ein zellulares System $\mathfrak{S}$ heißt *zustandsisotrop*, wenn seine lokale Überführungsfunktion F gegenüber allen Permutationen der Zustände einer beliebigen Nachbarschaft $N^*=\lambda(r,\,t,\,\tau)$ invariant ist. In Symbolik (2.2—32) gilt

$$F''(\dot{z}\mid N^*,\,\dot{x}\mid U,\,\tau,\,t_0,\,r_0)$$
$$=F''(\dot{z}\mid\Psi_z(N^*),\,\dot{x}\mid U,\,\tau,\,t_0,\,r_0) \qquad (14\,\text{b})$$

für alle $r\in R$ $(N^*=\lambda(r,\,t,\,\tau),\,\Psi(r)=r)$.

Der die Nachbarschaft N^* definierende Gitterpunkt r wird im allgemeinen wieder auf sich abgebildet.

Entsprechende Definitionen können für die Nachbereiche von $\dot{x}$ und $\dot{x}$ gegeben werden (*ein-* und *ausgabeisotropes System*).

Die gegebene Isotropie-Definition ist im allgemeinen zu weit gefaßt. In vielen Fällen wird man nur Invarianz gegenüber spezielleren eineindeutigen Abbildungen fordern, z. B. bei $R=\mathbf{Z}^2$ oder $R=\mathbf{R}^2$ Drehungsinvarianz, falls die Nachbarschaften gewissen Symmetriebedingungen genügen.

d) Lineare Systeme. Besonders einfache Verhältnisse ergeben sich, wenn F und g in $(\dot{z},\,\dot{x})\in\dot{Z}\times\dot{X}$ linear sind.

Dazu müssen insbesondere die Mengen $Z, \dot{Z}, \dot{X}, \dot{X}$ und Y Träger linearer Räume darstellen.

Def. 4: Ein zellulares System heißt *linear*, wenn gilt
1. $Z, \dot{Z}, \dot{X}, \dot{X}$ und Y sind lineare Räume über einem Körper K mit den Elementen k;
2. $F(\cdot, \cdot, t_1, t_2, r, \lambda, \mu): \dot{Z} \times \dot{X} \to Z$ ist linear;
3. $g(\cdot, \cdot, t, r, \mu_0): Z \times \dot{X} \to Y$ ist linear.

$\dot{Z} \times \dot{X}$ ist dabei der zu $\dot{Z}$ und $\dot{X}$ gehörende lineare Produktraum mit den (Produkt-)Operationen

$$(\dot{z}_1, \dot{x}_1) + (\dot{z}_2, \dot{x}_2) = (\dot{z}_1 + \dot{z}_2, \dot{x}_1 + \dot{x}_2) , \qquad (15\,a)$$

$$k(\dot{z}, \dot{x}) = (k\dot{z}, k\dot{x}) . \qquad (15\,b)$$

Das Symbol $+$ bezeichnet dabei die Gruppenoperationen in den abelschen Gruppen der jeweiligen Vektorräume.

Folgerung 1: *Wegen der 2. Bedingung ist*

$$\begin{aligned}
&F\,(k_1\dot{z}_1 + k_2\dot{z}_2, k_1\dot{x}_1 + k_2\dot{x}_2, t_1, t_2, r, \lambda, \mu) \\
&= F\,[k_1(\dot{z}_1, \dot{x}_1) + k_2(\dot{z}_2, \dot{x}_2), t_1, t_2, r, \lambda, \mu] \\
&= k_1 F(\dot{z}_1, \dot{x}_1, t_1, t_2, r, \lambda, \mu) + k_2 F(\dot{z}_2, \dot{x}_2, t_1, t_2, r, \lambda, \mu) .
\end{aligned}$$

Daraus folgt speziell

$$\begin{aligned}
&F(\dot{z}, \dot{x}, t_1, t_2, r, \lambda, \mu) \\
&= F(\dot{z}, \dot{0}, t_1, t_2, r, \lambda, \mu) + F(\dot{0}, \dot{x}, t_1, t_2, r, \lambda, \mu) , \quad (16\,a) \\
&F(k\dot{z}, k\dot{x}, t_1, t_2, r, \lambda, \mu) = k F(\dot{z}, \dot{x}, t_1, t_2, r, \lambda, \mu) ,
\end{aligned}$$

wenn die neutralen Elemente von $\dot{Z}$ und $\dot{X}$ mit $\dot{0}$ und $\dot{0}$ bezeichnet werden und k_1, k_2, k Elemente aus K bedeuten.

Analog (16) gilt für die Ergebnisfunktion

$$g(z, \dot{x}, t, r, \mu_0) = g(z, \dot{0}, t, r, \mu_0) + g(0, \dot{x}, t, r, \mu_0) . \qquad (16\,b)$$

Folgerung 2: *Die Teilfunktionen in (15) und (16) sind selbst lineare Abbildungen (Operatoren), z. B. gilt (nach*

Definition 4)

$$F\,(\dot{z}_1 + \dot{z}_2,\ \dot{0},\ t_1,\ t_2,\ r,\ \lambda,\ \mu) \qquad (16\,\mathrm{b})$$

$$= F(\dot{z}_1,\ \dot{0},\ t_1,\ t_2,\ r,\ \lambda,\ \mu) + F(\dot{z}_2,\ \dot{0},\ t_1,\ t_2,\ r,\ \lambda,\ \mu)\,,$$

$$F(k\dot{z},\ \dot{0},\ t_1,\ t_2,\ r,\ \lambda,\ \mu) = kF(\dot{z},\ \dot{0},\ t_1,\ t_2,\ r,\ \lambda,\ \mu)\,.$$

Wir schreiben daher zweckmäßig z. B.

$$F(\dot{z},\ \dot{0},\ t_1,\ t_2,\ r,\ \lambda,\ \mu) = F(\cdot,\ \dot{0},\ t_1,\ t_2,\ r,\ \lambda,\ \mu)\,\dot{z}$$
$$= A(t_1,\ t_2,\ r)\,\dot{z}\,,$$

worin $A(t_1,\ t_2,\ r)$ einen linearen Operator von $\dot{Z}$ in Z bezeichnet:

$$A(t_1,\ t_2,\ r)\colon \dot{Z} \to Z\,. \qquad (17)$$

Entsprechend kann für die anderen Abbildungen in (15) und (16) verfahren werden. Man erhält

$$z' = A(t_1,\ t_2,\ r)\,\dot{z} + B(t_1,\ t_2,\ r)\,x\,, \qquad (18\,\mathrm{a})$$
$$y = C(t,\ r)\,\dot{z} + D(t,\ r)\,\dot{x}$$

mit

$$A' = A(t_1,\ t_2,\ r) = F(\cdot,\ \dot{0},\ t_1,\ t_2,\ r,\ \lambda,\ \mu)\colon \dot{Z} \to Z\,,$$
$$B' = B(t_1,\ t_2,\ r) = F(\dot{0},\ \cdot,\ t_1,\ t_2,\ r,\ \lambda,\ \mu)\colon \dot{X} \to Z\,,$$
$$C' = C(t,\ r) = g(\cdot,\ \dot{0},\ t,\ r,\ \mu_0)\colon Z \to Y\,,$$
$$D' = D(t,\ r) = g(0,\ \cdot,\ t,\ r,\ \mu_0)\colon \dot{X} \to Y\,. \qquad (18\,\mathrm{b})$$

Verallgemeinerung: Wichtige Verallgemeinerungen des linearen Systems bilden die *superponierbaren Systeme*, bei denen in Def. 4 an die Stelle der linearen Räume Gruppoide (spezielle Halbgruppen) treten und die Linearität der Abbildungen F und g durch die Superponierbarkeit (Additivität) ersetzt wird:

$$F\,(\dot{z}_1 + \dot{z}_2,\ \dot{x}_1 + \dot{x}_2,\ t_1,\ t_2,\ r,\ \lambda,\ \mu) \qquad (19)$$
$$= F(\dot{z}_1,\ \dot{x}_1,\ t_1,\ t_2,\ r,\ \lambda,\ \mu) + F(\dot{z}_2,\ \dot{x}_2,\ t_1,\ t_2,\ r,\ \lambda,\ \mu)\,,$$
$$g\,(z_1 + z_2,\ \dot{x}_1 + \dot{x}_2,\ t,\ r,\ \mu_0)$$
$$= g(z_1,\ \dot{x}_1,\ t,\ r,\ \mu_0) + g(z_2,\ \dot{x}_2,\ t,\ r,\ \mu_0)\,.$$

Weitere Verallgemeinerungen ergeben sich, wenn in Def. 4 der von einem Körper K gebildete Operatorbereich durch einen (assoziativen) Ring oder auch allgemeiner nur durch eine strukturfreie Operatormenge A mit der äußeren Verknüpfung

$$[(\dot{z}_1, \dot{\boldsymbol{x}}_1) + (\dot{z}_2, \dot{\boldsymbol{x}}_2)]\, a = (\dot{z}_1, \dot{\boldsymbol{x}}_1)\, a + (\dot{z}_2, \dot{\boldsymbol{x}}_2)\, a \qquad (20)$$

ersetzt wird.

e) Topologische Systeme: Lineare Systeme mit einem besonders reichen Anwendungsfeld ergeben sich, wenn noch zusätzlich eine *Topologie* (ein Umgebungsbegriff) eingeführt wird, so daß es einen Sinn hat, z. B. von dem „Abstand" zweier Zustandskonfigurationen $\dot{z}_1$ und $\dot{z}_2$ oder Eingaben $\dot{\boldsymbol{x}}_1$ und $\dot{\boldsymbol{x}}_2$ zu sprechen. Speziell kann dieser Abstand von Elementen der Grundmengen durch eine *Norm* (ein *Skalarprodukt*) gegeben sein. Eine relativ einfache Klasse *linearer topologischer Systeme* kann dann wie folgt gegeben sein:

Def. 5: Ein zellulares System $\mathfrak{S}$ heißt *lineares topologisches System*, wenn gilt:

1. $\mathfrak{S}$ ist ein lineares System.
2. $Z, \dot{Z}, \dot{X}, \dot{X}, Y$ und $\dot{Z} \times \dot{X}$ sind normierte Räume.
3. Die Systemabbildungen $F(\cdot, \cdot, t_1, t_2, r, \lambda, \boldsymbol{\mu})$ und $g(\cdot, \cdot, t, r, \mu_0)$ sind stetig.

Die Norm des Produktraumes $\dot{Z} \times \dot{X}$ kann dabei durch die Produktnorm gegeben sein:

Bezeichnen $\|\dot{z}\|$ und $\|\dot{\boldsymbol{x}}\|$ die Normen von $\dot{z}$ und $\dot{\boldsymbol{x}}$, so ist

$$\|(\dot{z}, \dot{\boldsymbol{x}})\| = \|\dot{z}\| + \|\dot{\boldsymbol{x}}\| . \qquad (21)$$

Folgerung 1: *Aus der 3. Bedingung in Def. 5 ergibt sich mit* (18):
Zu jedem $\varepsilon > 0$ *existiert ein* $\delta > 0$, *so daß*

$$\|F(\dot{z}_1, \dot{\boldsymbol{x}}_1, t_1, t_2, r, \lambda, \boldsymbol{\mu}) - F(\dot{z}_2, \dot{\boldsymbol{x}}_2, t_1, t_2, r, \lambda, \boldsymbol{\mu})\|$$
$$= \|(A'\dot{z}_1 - A'\dot{z}_2) + (B'\dot{\boldsymbol{x}}_1 - B'\dot{\boldsymbol{x}}_2)\| < \varepsilon$$

für alle $(\dot{z}_1, \dot{x}_1), (\dot{z}_2, \dot{x}_2) \in \dot{Z} \times \dot{X}$ *mit*

$$\|\dot{z}_1 - \dot{z}_2\| + \|\dot{x}_1 - \dot{x}_2\| < \delta \ .$$

Ebenso gilt für die Ergebnisfunktion

$$\|(C'\dot{z}_1 - C'\dot{z}_2) + (D'\dot{x}_1 - D'\dot{x}_2)\| < \varepsilon$$

für alle $(\dot{z}_1, \dot{x}_1), (\dot{z}_2, \dot{x}_2) \in \dot{Z} \times \dot{X}$ mit

$$\|\dot{z}_1 - \dot{z}_2\| + \|\dot{x}_1 - \dot{x}_2\| < \delta \ .$$

Aus der Stetigkeit der Teilabbildungen A' und B' folgt die von F:

Es sei $\varepsilon > 0$ und

$\|A'\dot{z}_1 - A'\dot{z}_2\| < \varepsilon/2$ für alle $\dot{z}_1, \dot{z}_2 \in \dot{Z}$ mit $\|\dot{z}_1 - \dot{z}_2\| < \delta_1$,

$\|B'\dot{x}_1 - B'\dot{x}_2\| < \varepsilon/2$ für alle $\dot{x}_1, \dot{x}_2 \in \dot{X}$ mit $\|\dot{x}_1 - \dot{x}_2\| < \delta_2$.

Dann ist

$$\|(A'\dot{z}_1 - A'\dot{z}_2) + (B'\dot{x}_1 - B'\dot{x}_2)\|$$
$$\leq \|A'\dot{z}_1 - A'\dot{z}_2\| + \|B'x_1 - B'x_2\| < \varepsilon$$

für alle $\dot{z}_1, \dot{z}_2 \in \dot{Z}$ und alle $\dot{x}_1, \dot{x}_2 \in \dot{X}$ mit

$$\|(\dot{z}_1 - \dot{z}_2) + (\dot{x}_1 - \dot{x}_2)\|$$
$$\leq \|\dot{z}_1 - \dot{z}_2\| + \|\dot{x}_1 - \dot{x}_2\| < \delta = \delta_1 + \delta_2 \ .$$

3.2. *Diskrete Systeme*

a) Diskrete Zeit. In der gegenwärtigen Entwicklung der Informationstechnik sind vor allem Systeme mit diskreter Zeit und (oder) diskretem zellularen Raum von Interesse.

Def. 1: Ein zellulares System, dessen Zeitskala T durch die Menge **Z** der ganzen Zahlen (oder Menge **N** der natürlichen Zahlen) gegeben ist, heißt *zellulares System mit diskreter Zeit.*

Def. 2: Ein zellulares System, dessen zellularer Raum R durch eine endliche oder abzählbare Menge, insbesondere durch die Menge $\mathbf{Z}^n$ ($n = 1, 2, 3$) ($\mathbf{Z}$: Menge der ganzen Zahlen) gegeben ist und dessen Nachbarschaften $\mu_0(r, t)$, $\mu(r, t, \tau)$ und $\lambda(r, t, \tau)$ für alle $t \geqq \bar{t}_0$ und alle $r \in R$ endliche Mengen bilden, heißt *zellulares System mit diskretem Raum* (zellulares System im engeren Sinne).

Def. 3: Zellulare Systeme, mit diskreter Zeit und diskretem Raum werden als *diskrete zellulare Systeme* bezeichnet.

Für Systeme mit diskreter Zeit vereinfacht sich die Überführungsfunktion F, die jetzt durch eine Abbildung des Typs

$$f: \dot{Z} \times \dot{X} \times T \times R \times \Lambda \times M \to Z \qquad (1\,\text{a})$$

ersetzt werden kann, denn man kann nun mit (2.2–34g, $\alpha, \delta, \varepsilon$) für $t_2 = t_1 + 1$ einfacher schreiben ($t_1 = t$, $t_2 = = t + 1$):

$$\begin{aligned}
F(\dot{z}, \dot{x}, t_1, t_2, r, \lambda, \mathbf{\mu}) &= F(\dot{z}, \{t_1, \dot{x}(t_1)\}, t_1, t_1 + 1, r, \lambda, \mathbf{\mu}) \\
&= f(\dot{z}, \dot{x}, t, r, \lambda_1, \mu_1) \qquad (1\,\text{b}) \\
&= f'(\dot{z} \mid \lambda_1(r, t), \dot{x} \mid \mu_1(r, t), t, r)
\end{aligned}$$

$$[\mu_1(r, t) = \mu\,(r, t+1, t);\, \lambda_1(r, t) = \lambda\,(r, t+1, t)].$$

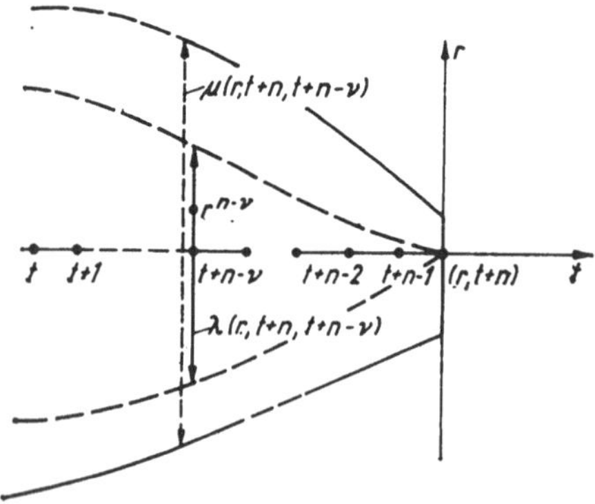

Abb. 3.1. Nachbarschaftsfunktionen λ und μ für Systeme mit diskreter Zeit.

Diese Überführungsfunktion f für zeitdiskrete Systeme — zusammen mit entsprechend vereinfachten Funktionen λ und μ — ersetzt die Funktion F insofern, als aus f wieder F konstruiert werden kann. Das ergibt sich aus folgender Überlegung (Abb. 3.1):

Nach (2.2–34g) ist mit $t_1 = t$, $t_2 = t + n$

$$\ddot{z}^{t+n}(r) = F(\ddot{z}^{t+n-1}, \dot{x}, t+n-1, t+n, r, \lambda, \mu) , \quad (2\,\text{a})$$
$$\ddot{z}^{t+n-1}(r^{n-1}) = F(\ddot{z}^{t+n-2}, \dot{x}, t+n-2, t+n-1, r^{n-1}, \lambda, \mu) ,$$
$$r^{n-1} \in \lambda \, (r, t+n, t+n-1)$$

$$\cdot \quad \cdot \quad \cdot \quad \cdot \quad \cdot \quad \cdot \quad \cdot \quad \cdot \quad \cdot \quad \cdot \quad \cdot \quad \cdot$$

$$\ddot{z}^{t+1}(r^1) = F \, (\ddot{z}^t, \dot{x}, t, t+1, r^1, \lambda, \mu)$$
$$r^1 \in \lambda \, (r^2, t+2, t+1) ,$$

wenn noch

$$\ddot{z}^{t+n-\nu} = F \, (\ddot{z}^t, \dot{x}, t, t+n-\nu, \cdot, \lambda, \mu) ,$$
$$\ddot{z}^{t+n-\nu}(r^{n-\nu}) = F \, (\ddot{z}^t, \dot{x}, t, t+n-\nu, r^{n-\nu}, \lambda, \mu)$$
$$(\nu = 0, 1, \ldots, n-1) \qquad\qquad (2\,\text{b})$$

gesetzt wird. Mit Berücksichtigung von (1b) ist daher

$$\ddot{z}^{t+n}(r) = f \, \langle \cdots \{ f \, [f(\ddot{z}, \dot{x}, t, \cdot, \lambda_1, \mu_1), \dot{x}, t+1, \cdot, \lambda_1, \mu_1],$$
$$\dot{x}, t+2, \cdot, \lambda_1, \mu_1 \}, \ldots, \dot{x}, t+n-1, r, \lambda_1, \mu_1 \rangle \quad (3)$$

bereits aus

$$f \, (\ddot{z}, \dot{x}, t+\mu-1, \cdot, \lambda_1, \mu_1) : f \, (- - - -) \, (r^\mu)$$
$$= f \, (\ddot{z}, \dot{x}, t+\mu-1, r^\mu, \lambda_1, \mu_1) \qquad\qquad (4\,\text{a})$$

berechenbar. Dabei ist (vgl. Abb. 3.1)

$$r^\mu \in \lambda \, [r^{\mu+1}, t+\mu+1, t+\mu]$$
$$= \lambda \, [\cdots \lambda \, [\lambda \, (r, t+n, t+n-1), t+n-1, t+n-2],$$
$$\ldots, t+\mu+1, t+\mu] \quad (\mu = 1, 2, \ldots, n-1) , \quad (4\,\text{b})$$

wenn allgemein definiert wird

$$\lambda(R', t_1, t_2) = \{ r \mid r \in \lambda(r', t_1, t_2), r' \in R', R' \subset R \} . \quad (4\,\text{c})$$

Ist insbesondere $\ddot{z}^t$ die Zustandskonfiguration z. Z. t, so erhält man $\ddot{z}^{t+1}$ aus (vgl. (2a))

$$\ddot{z}^{t+1} = f(\ddot{z}^t, \dot{x}, t, \cdot, \lambda_1, \mu_1), \tag{5a}$$
$$f(\ddot{z}^t, \dot{x}, t, r, \lambda_1, \mu_1) = \ddot{z}^{t+1}(r) ,$$

wobei $\ddot{z}^{t+1}(r)$ nur von

$$\ddot{z}^t \mid \lambda \,(r, t+1, t) = \ddot{z}^t \mid \lambda_1(r, t) \tag{5b}$$

und

$$\ddot{x}^t \mid \mu \,(r, t+1, t) = \ddot{x}^t \mid \mu_1(r, t)$$

abhängt.

Die Ausdrücke für die Umgebungs- und Nachbarschaftsfunktionen vereinfachen sich ebenfalls.

$\mu \,(r, t+n, t)$ ist nun durch die Mengenfamilie

$$N = (N_{t+\nu})_{\nu \in \{0, \ldots, n\}} \tag{6}$$
$$N_{t+\nu} = \{r' \mid t+\nu \leqq \varphi \,(r, t+n, r')\} = \mu \,(r, t+n, t+\nu) ,$$

also durch ein endliches System von $n - \nu$ Nachbarschaftsfunktionen μ bestimmt. Dabei besteht noch folgender Zusammenhang.

Nach (3) und (4) ist (vgl. Abb. 3.1)

$$\lambda \,(r, t+n, t) = \lambda \,[\cdots \lambda \,[r, t+n, t+n-1), \ldots \tag{7a}$$
$$t+2, t+1], t+1, t]$$

und

$$\mu \,(r, t+n, t+\nu) = \mu \,(r^{\nu+1}, t+\nu+1, t+\nu)$$
$$= \mu \,[\lambda \,(r, t+n, t+\nu+1), t+\nu+1, t+\nu] ,$$

speziell also

$$\lambda \,(r, t+n, t+n-2)$$
$$= \lambda \,(\lambda \,(r, t+n, t+n-1), t+n-1, t+n-2)$$

und

$$\mu \,(r, t+n, t+n-2) \tag{7b}$$
$$= \mu \,(\lambda \,(r, t+n, t+n-1), t+n-1, t+n-2) .$$

Daraus ergibt sich allgemein für $n \in \mathbf{N}$

$$\lambda\,(r,\,t,\,t-n) = \lambda\,[\,\lambda\,(r,\,t,\,t-n+1),\,t-n+1,\,t-n] \qquad (8\,\mathrm{a})$$
$$= \bigcup_{r' \in \lambda(r,t,t-n+1)} \lambda\,(r',\,t-n+1,\,t-n)$$
$$= \bigcup_{r' \in \lambda(r,t,t-n+1)} \lambda_1\,(r',\,t-n)$$

und

$$\mu\,(r,\,t,\,t-n) = \mu\,[\,\lambda\,(r,\,t,\,t-n+1),\,t-n+1,\,t-n] \qquad (8\,\mathrm{b})$$
$$= \bigcup_{r' \in \lambda(r,t,t-n+1)} \mu\,(r',\,t-n+1,\,t-n)$$
$$= \bigcup_{r' \in \lambda(r,t,t-n+1)} \mu_1\,(r',\,t-n),$$

wenn noch die spezielle Zustands-Nachbarschafts-funktion bzw. Eingabe-Nachbarschaftsfunktion aus (1 b), also

$$\lambda\,(r,\,t+1,\,t) = \lambda_1(r,\,t) \quad \text{bzw.} \quad \mu\,(r,\,t+1,\,t) = \mu_1(r,\,t), \qquad (9)$$

eingeführt wird.

$\lambda_1(r,\,t)$ werden wir auch *Kopplungsmuster des Zustandes* und entsprechend $\mu_1(r,\,t)$ *Kopplungsmuster der Eingabe*, $\mu_0(r,\,t)$ *Kopplungsmuster der Ausgabe* nennen.

Nach (6), (7) und (8) bestimmen bereits diese speziellen Kopplungsmuster die Nachbarschaftsfunktionen λ und μ und damit die Struktur φ des zellularen Raumes R.

Für zeitinvariante Systeme sind nach Abschnitt 3.1, a die Kopplungsmuster λ_1,μ_1 und μ_0 von der Zeit, für homogene Systeme vom Ort (Gitterpunkt), unabhängig. Systeme, die gleichzeitig homogen und zeitinvariant sind, sind damit in bezug auf die Struktur φ des zellularen Raumes bereits durch zwei konstante *Grundmuster* $\lambda_1(0)$ und $\mu_0(0)$ (Teilmengen aus R) vollständig beschrieben (vgl. (2.2–37)).

$\mu_1\,(r,\,t-1)$ berücksichtigt die Eingaben z. Z. $t-1$, wenn t den Augenblick der Beobachtung angibt.

$\lambda_1 (r, t-1)$ beschreibt den „Ausschnitt" aus der Zustandskonfiguration $\dot{z}$ z. Z. $t-1$, der auf den z. Z. t ausgegebenen Buchstaben y Einfluß nimmt (Abb. 3.2).

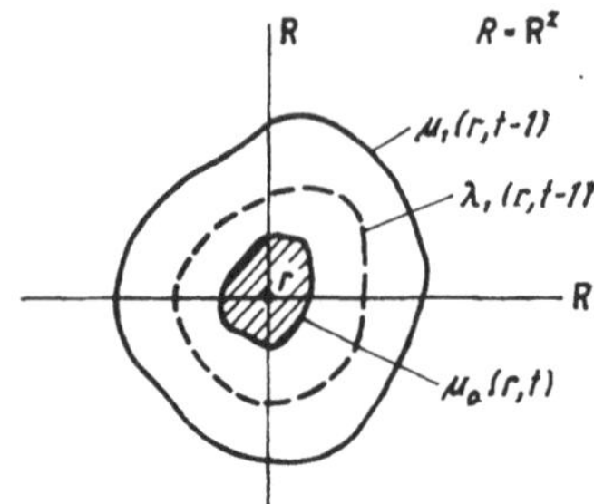

Abb. 3.2. Kopplungsmuster μ_1, λ_1 und μ_0 für Systeme mit diskretem Raum

b) Diskreter Raum I. Vereinfachungen anderer Art in den Grundbeziehungen in Def. 3 (Abschnitt 2.2) ergeben sich im Sonderfall des diskreten Raumes.

Wir nehmen zunächst an, daß die Strukturfunktion die Gestalt

$$\varphi(r, t, r') = \begin{cases} t & (r' = r), \\ -\infty & (r' \neq r) \end{cases} \tag{10}$$

hat. In diesem einfachen Grenzfall ist

$$\mu(r, t, \tau) = \{(r, \bar{\tau}) \mid \tau \leqq \bar{\tau} \leqq t\}, \tag{11}$$
$$\mu(r, t, \tau) = \lambda(r, t, \tau) = \mu_0(r, t) = \{r\}.$$

Und damit nach (2.2–33) und (1)

$$z = \bar{F}(\dot{z}(r), \dot{x}(r), \tau, t, r) = F_r(z, \dot{x}, \tau, t), \tag{12a}$$

$$y = \bar{g}(\dot{z}(r), \dot{x}(r), t, r) = g_r(z, x, t). \tag{12b}$$

In diesem trivialen Sonderfall sind also die Vorgänge an einem Gitterpunkt r unabhängig von den Vorgängen an anderen Gitterpunkten. Das zellulare System zerfällt in eine Menge unabhängiger Teilsysteme, die keine echten zellularen (räumlich ausgebreiteten) Systeme mehr sind.

sondern einfache „punktförmige" dynamische Systeme im gewöhnlichen Sinne der Systemtheorie, da die Gleichungen (12) gerade die Zustandsgleichungen eines gewöhnlichen dynamischen Systems (im Raumpunkt r) bilden (Abschnitt 1.1).

Damit ist aber auch grundsätzlich klar, wie die Realisierung einer zellularen Struktur mit diskretem Raum im Sinne von Def. 3 (Abschnitt 2.2) zu erfolgen hat.

Jeder Gitterpunkt r des Raumes R ist Träger eines *dynamischen Systems* $\mathfrak{S}_r$, das weiterhin als *Zelle* der räumlichen Gesamtstruktur bezeichnet werden soll. Der Wert der Zustandskonfiguration $\dot{z}$ an der Stelle r oder, wie wir nun kürzer sagen, der *Zustand z^r der Zelle* $\mathfrak{S}_r$ ist nach (2.2–37) aber allgemein nicht nur von deren eigenen Vergangenheitszuständen und Eingaben, sondern auch von vergangenen Zuständen und Eingaben benachbarter Zellen abhängig. Ebenso ist die Ausgabe von $\mathfrak{S}_r$ auch von den gegenwärtigen Eingaben gewisser Nachbarschaftszellen von $\mathfrak{S}_r$ und vom Zustand von $\mathfrak{S}_r$ bestimmt. Die Zelle $\mathfrak{S}_r$ mit ihren Nachbarzellen bildet stets eine endliche Menge gemäß der Voraussetzung, daß die Nachbarschaften $\mu(r, t, \tau)$, $\lambda(r, t, \tau)$ und $\mu_0(r, t)$ endliche Mengen bilden.

Die Strukturfunktion $\varphi(r, t, r')$ ist nun im allgemeinen Fall eine diskrete Funktion der Punkte des zellularen Raumes:

$$\varphi(r, t, r') = \varphi(r_i, t, r_j), \quad i, j \in I \subset \mathbf{Z}^n. \tag{13}$$

Damit wird auch die Nachbarschaftsfunktion μ eine diskrete Funktion von τ (Abb. 3.3), denn die Menge

$$\mu(r_i, t, \tau) = \{r_j \mid \tau \leqq \varphi(r_i, t, r_j\} \tag{14}$$

ist nach Voraussetzung endlich und aus dem Intervall $[\tau, t]$. Es ist definitionsgemäß

$$\mu(r_i, t, \tau_1) \supset \mu(r_i, t, \tau_2)$$

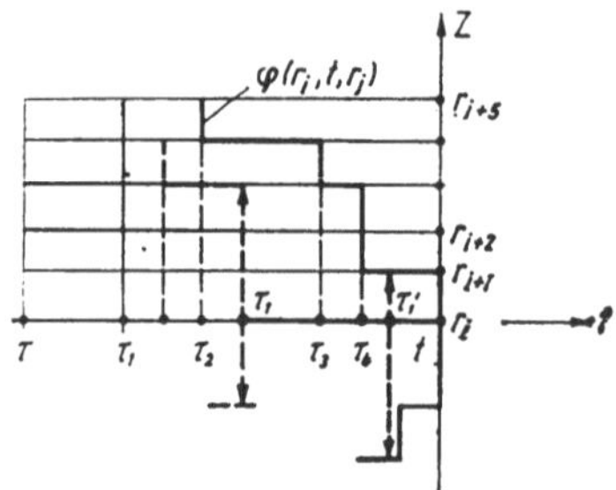

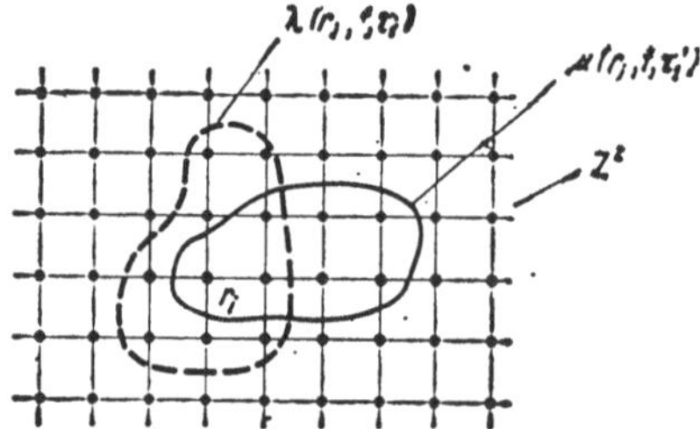

Abb. 3.3. Strukturfunktionen für Systeme mit diskretem Raum
    a) Strukturfunktion φ
    b) Kopplungsmuster λ und μ

für $\tau_1 \leqq \tau_2$ und außerdem $\mu(r_i, t, \tau) \geqq \mu_0(r_i, t)$. Somit kann sich $\mu(r_i, t, \tau)$ als Funktion von τ nur an endlich vielen Stellen $\tau_1, \tau_2, \ldots, \tau_n$ $(\tau < \tau_1 < \tau_2 < \cdots < \tau_n < t)$ um mindestens ein Element aus R „verkleinern":

$$\mu(r_i, t, \tau_j) \setminus \mu(r_i, t, \tau_{j+1}) = R_{i,j} \neq 0 . \tag{15}$$

Entsprechendes gilt nach (2.2–34f) für $\lambda(r_i, t, \tau)$. Die Menge

$$\lambda_1(r_i, t) = \lambda(r_i, t, \tau_1) , \tag{16a}$$

worin τ_1 die größte Sprungstelle von $\lambda(r_i, t, \tau)$ bezeichnet, also

$$\tau_1 = \sup \{ \tau \mid \lambda(r_i, t, \tau) \neq \{r\} \} \tag{16b}$$

heißt *Kopplungsmuster des Zustandes z* an der Stelle r_i z. Z. t. Ebenso wird auch $\mu(r_i, t, \tau_1')$ als *Kopplungsmuster der Eingabe* in (r_i, t) bezeichnet (Abb. 3.3).

Die Sprungstellen von λ und μ brauchen dabei natürlich nicht identisch zu sein.

Man kann jeder dieser Mengen λ und μ eine Abbildung, z. B. der Menge $N^* = \lambda(r_i, t, \tau_1)$ die Abbildung

$$\eta : N^* \to \{r_i\}, \tag{17}$$

zuordnen, deren Graph die oben besprochene Kopplung von Vorgängen in benachbarten Zellen zum Ausdruck bringt (Abb. 3.4).

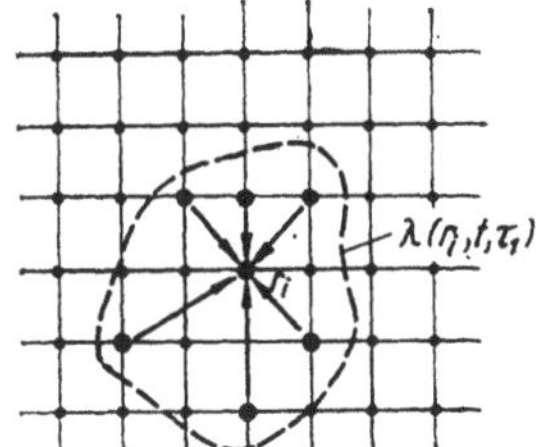

Abb. 3.4. Kopplungsmuster und Kopplungsgraph

Der Graph der Abbildung (17) heißt deshalb *Kopplungsgraph der Zustände* an der Stelle (r_i, t) oder ebenfalls — wie $\lambda_1(r_i, t)$ — Kopplungsmuster. Entsprechendes gilt für $\mu_1(r_i, t) = \mu(r_i, t, \tau_1')$.

Wir bemerken, daß diese Kopplungsmuster auch auf andere Weise mathematisch beschrieben werden können (z. B. als Vorbereich binärer Relationen). Eine weitere mögliche Auffassung werden wir in Abschnitt 3.3 verwenden [8].

Auch bei den Systemen mit diskretem Raum ist die Raumstruktur φ durch die beiden Kopplungsmuster $\mu_0(r_i, t)$ und $\lambda_1(r_i, t)$ vollständig beschrieben. Das ergibt sich aus der sinngemäßen Erweiterung der Beziehungen (8) auf Systeme mit diskretem Raum (bzw. durch Spezialisierung von (2.2—38) u. (2.2—37)).

Die Nachbarschaftsfunktionen λ und μ können unabhängig von den Ein- und Ausgaben definiert werden und bilden damit zusammen mit R ein charakteristisches Größensystem der zellularen Struktur. Wir nennen den diskreten zellularen Raum R zusammen mit einem Paar (λ, μ) von Nachbarschaftsfunktionen λ und μ ein *Array* A, in Zeichen

$$A = (R, \lambda, \mu) \, . \tag{18}$$

Ein zellulares System (im engeren Sinne) ist dann — grob vereinfacht — ein mit dynamischen Systemen besetztes Array. Die wesentlichen Eigenschaften eines zellularen Systems sind maßgeblich durch dieses Array bestimmt.

Besonders wichtige Vereinfachungen ergeben sich aber noch für die Überführungsfunktion F dadurch, daß $\dot{z} \mid \lambda(r_i, t, \tau)$ und $\dot{x} \mid \mu(r_i, t, \tau)$ nun durch endliche Mengen von Zuständen bzw. Eingabewörtern dargestellt werden können, was im folgenden Abschnitt genauer untersucht werden soll.

c) Diskreter Raum II. Man kann die in (12a) und (12b) für den Spezialfall (10) angegebene Schreibweise der lokalen Zustandsgleichungen auf beliebige Nachbarschaftsfunktionen übertragen. Dabei sind aber einige Besonderheiten zu berücksichtigen, die bei den trivialen Abbildungen in (12) noch nicht in Erscheinung treten.

Wir diskutieren diese Besonderheiten am Beispiel der Abbildung $\dot{z} \mid \lambda(r_i, t, \tau)$.

Setzen wir (bei festen t, τ)

$$\lambda(r_i, t, \tau) = \{r_1, r_2, \ldots, r_n\}, \tag{19}$$

so ist ausführlich geschrieben

$$z' = F_0(\{(r_1, \dot{z}(r_1), \ldots, (r_n, \dot{z}(r_n)\}, - - -) \tag{20a}$$

mit

$$\dot{z} \mid \lambda(r_i, t, \tau) = \{(r_1, \dot{z}(r_1), \ldots, (r_n, \dot{z}(r_n)\} \, . \tag{20b}$$

Den Abbildungen (20b) ist die $(n!)$-elementige Menge P_λ aller geordneten Paare

$$((r_{i_1}, r_{i_2}, \ldots, r_{i_n}), \quad (\dot z(r_{i_1}), \ldots, \dot z(r_{i_n})) \tag{21}$$

mit den geordneten n-Tupeln $(r_1, \ldots, r_n)$ und $(\dot z(r_1), \ldots, \dot z(r_n))$ eineindeutig zugeordnet, sofern man vereinbart, daß die in den zwei n-Tupeln eines Paares an i-ter $(i = 1, 2, \ldots, n)$ Stelle stehenden Elemente zwei im Sinne von (20b) einander zugeordnete Elemente bezeichnen.

Man kann aber ein bestimmtes Element aus P_λ dadurch auszeichnen, daß man die Elemente der Menge $\dot z \mid \lambda(r_i, t, \tau)$ durchnumeriert — r_i erhält dabei die gleiche Nummer wie $\dot z(r_i)$ $(i = 1, 2, \ldots, n)$ — und dann aus P_λ dasjenige Element auswählt, dessen n-Tupel im Sinne dieser Numerierung geordnet sind. Da Entsprechendes auch für die anderen in F_0 und G_0 vorkommenden Abbildungen (z. B. $\dot x \mid \mu(r_i, t, \tau)$) gilt und damit neben $\lambda(r_i, t, \tau)$ auch die von μ und μ_0 erzeugten Nachbarschaften geordnet werden müssen, werden wir allen endlichen Teilmengen Q von R eine Abbildung

$$\vartheta_Q \colon \mathbf{n}_{|Q|} \to Q; \quad \mathbf{n}_{|Q|} = \{1, 2, \ldots, n_{|Q|}\} \tag{22}$$

zuordnen $(|Q| = \operatorname{card} Q)$. Auf diese Weise entsteht die Menge

$$\mathfrak{N} = \{(Q, \vartheta_Q) \mid Q \subset R, \vartheta_Q \in \vartheta\} \tag{23a}$$

aller *geordneten Nachbarschaften*

$$\bar Q = (Q, \vartheta_Q) \tag{23b}$$

mit der die Elemente von $\mathfrak{N}$ ordnenden Abbildungsmenge

$$\vartheta = \{\vartheta_Q \mid Q \subset R, \vartheta_Q \colon \mathbf{n}_{|Q|} \to Q\} . \tag{23c}$$

Jedem $r \in R$ werden auf diese Weise neben den schon definierten Nachbarschaften, z. B.

$$\lambda(r_i, t, \tau) = \{r_1, \ldots, r_n\} \tag{24a}$$

6*

noch geordnete Nachbarschaften, z. B.

$$\bar{\lambda}(r_i, t, \tau) = (r_1, \ldots, r_n) = (\lambda_1'(r_i), \ldots, \lambda_n'(r_i)), \quad (24\,\mathrm{b})$$

zugeordnet (es sei angenommen, daß das Element r_j aus $\lambda(r_i, t, \tau)$ die Ordnungsnummer j hat: $\vartheta_{\lambda(r_i,t,\tau)}(j) = r_j$. Dabei bezeichnet $\lambda_k'(r_i)$ die k-te Projektion $P_k\bar{\lambda}(r_i, t, \tau)$ von $\bar{\lambda}(r_i, t, \tau)$:

$$P_k\bar{\lambda}(r_i, t, \tau) = \lambda_k'(r_i) . \qquad (24\,\mathrm{c})$$

$\bar{\lambda}$ heißt *geordnete Nachbarschaftsfunktion*; $\bar{\lambda}$ und ebenso $\bar{\mu}$ und $\bar{\mu}_0$ sind dann Abbildungen von R in $\mathfrak{N}$, z. B.

$$\bar{\lambda}: R \to \mathfrak{N} , \qquad (25\,\mathrm{a})$$

die zusammen mit R und $\mathfrak{N}$ einen neuen Begriff bilden.

Def. 4: Ist Ω eine Menge von geordneten Nachbarschaftsfunktionen

$$\omega: R \to \mathfrak{N} , \qquad (25\,\mathrm{b})$$

so heißt

$$\mathfrak{A} = (R, \mathfrak{N}, \bar{\lambda}, \bar{\mu}) \qquad (25\,\mathrm{c})$$

mit $\bar{\lambda}, \bar{\mu} \in \Omega$ *geordnetes Array*.

Man beachte auch: Bei gegebenem ϑ entspricht jeder Nachbarschaftsfunktion eine geordnete Nachbarschaftsfunktion.

Nach Vorstehendem entspricht nun jeder durch Nachbarschaftsfunktionen beschränkten Abbildung aus F_0 und G_0 ein geordnetes n-Tupel-Paar, z. B.

$$\dot{z} \mid \bar{\lambda}(r_i, t, \tau) \mapsto ((r_1, \ldots, r_n), (\dot{z}(r_1), \ldots, \dot{z}(r_n)) . \quad (26)$$

Diese geordneten n-Tupel-Paare lassen sich nun zweckmäßigerweise als Produktabbildungen interpretieren; z. B. kann man setzen

$$\Theta(\dot{z}) = \dot{z} \times \dot{z} \times \cdots \times \dot{z} : R^n \to \dot{Z}^n \quad (n = \operatorname{card} \lambda(r_i, t, \tau)), \quad (27\,\mathrm{a})$$

wenn mit (26) (für beliebige n) definiert wird

$$\Theta(\dot{z})\,(r_1, \ldots, r_n) = (\dot{z}(r_1), \ldots, \dot{z}(r_n)) \qquad (27\,\mathrm{b})$$
$$= \Theta(\dot{z})\,(\bar{\lambda}(r_i, t, \tau))$$

und mit (24 b)

$$r_k = \lambda_k'(r_i)\,. \qquad (27\,\mathrm{c})$$

Hierbei sei noch vereinbart, daß der Produktoperator Θ auf jede auf R erklärte Abbildung und jedes n-tupel von Gitterpunkten wie in (27 b) definiert wirken soll.

Führen wir für die übrigen n-Tupel-Paare (63) in entsprechender Weise durch

$$\Theta(\dot{\boldsymbol{x}}) = \dot{\boldsymbol{x}} \times \dot{\boldsymbol{x}} \times \cdots \times \dot{\boldsymbol{x}} \colon R^n \to \overset{\times}{X}{}^n \quad (n = \operatorname{card} \boldsymbol{\mu})\,, \qquad (28\,\mathrm{a})$$

$$\Theta(\dot{x}) = \dot{x} \times \cdots \times \dot{x} \colon R^m \to \overset{\times}{X}{}^m \qquad (m = \operatorname{card} \mu_0) \qquad (28\,\mathrm{b})$$

ein, so lassen sich die lokalen Zustandsgleichungen (2.2–40), indem man z' und y als Funktion der oben eingeführten n-Tupel-Paare (vgl. (27)) auffaßt, wie folgt schreiben:

$$z' = \bar{F}[\Theta(\dot{z})\,(\bar{\lambda}(r_i, t, \tau)), \Theta(\dot{\boldsymbol{x}})\,(\overline{\boldsymbol{\mu}}(r_i, t, \tau)), \tau, t, r_i, \qquad (29\,\mathrm{a})$$
$$\bar{\lambda}(r_i, t, \tau), \overline{\boldsymbol{\mu}}(r_i, t, \tau)]\,,$$

$$y = \bar{g}[z, \Theta(\dot{x})\,(\bar{\mu}_0(r_i, t)), t, r_i, \bar{\mu}_0(r_i, t)]\,. \qquad (29\,\mathrm{b})$$

Die Formulierung der Abbildungseigenschaften (2.2–40) von $\bar{F}$ und $\bar{g}$ in der in (29) eingeführten Symbolik ist leicht durchzuführen.

Wir werden die Analyse von Systemen mit diskretem Raum auf der Grundlage der Systemgleichungen (29), also in allgemeinster Form, nicht weiterführen, sondern nur noch ein paar Ausführungen zu einem wichtigen Sonderfall, den zeitinvarianten Systemen mit diskretem Raum und diskreter Zeit (zeitinvariante diskrete Systeme) machen.

3.3. *Zeitinvariante diskrete Systeme*

a) Grundgleichungen. Bei den weiteren Betrachtungen werden wir uns auf zeitinvariante Systeme mit diskreter Zeit und diskretem Raum beschränken. Nach den vorstehenden Betrachtungen und Definitionen sind das Systeme im Sinne von (2.2–34) mit folgenden speziellen Grundeigenschaften:

1. R ist abzählbar oder endlich, insbesondere ist
$$R = \mathbf{Z}^n \, (n = 1, 2, 3) \, .$$

2. $T = \mathbf{Z}$, insbesondere $T = \mathbf{N}$.

3. Die Raumstruktur φ wird beschrieben durch drei geordnete Kopplungsmuster:
   a) Ausgabe-Kopplungsmuster $\bar{\mu}_0(r)$;
   b) Eingabe-Kopplungsmuster $\bar{\mu}_1(r)$ $(\mu_1 = \lambda_1 \mu_0)$;
   c) Zustands-Kopplungsmuster $\bar{\lambda}_1(r)$.

4. Die lokale Überführungsfunktion ist gegeben durch

$$z' = \bar{f}[(\lambda_1 \Theta(\dot{z})) \, (r), \bar{\mu}_1 \Theta(\dot{x}) \, (r), \bar{\lambda}_1(r), \bar{\mu}_1(r)] \, . \tag{1}$$

5. Die lokale Ergebnisfunktion ist gegeben durch

$$y = \bar{g}[z, (\bar{\mu}_0 \Theta(\dot{x})) \, (r), \bar{\mu}_0(r)] \, . \tag{2}$$

Aus $\bar{f}$ und $\bar{g}$ kann man zu jeder Eingabe $\dot{x}$ und jeder Anfangskonfiguration $\dot{z}_0$ die Ausgabe $\dot{y}$ schrittweise berechnen.

Wir zeigen nun, daß die diesen Ein-Ausgabeprozeß beschreibenden globalen Abbildungen F und g als Produkt einfacherer Teilabbildungen darstellbar sind.

Zur Ermittlung dieser Abbildungsfaktorisierung formen wir (1) wie folgt um:

$$\begin{aligned}
z' &= \bar{f}[\Theta(\dot{z}) \, (\bar{\lambda}_1(r)), \Theta(\dot{x}) \, (\bar{\mu}_1(r)), \bar{\lambda}_1(r), \bar{\mu}_1(r)] \\
&= \bar{f}[(\lambda_1' \dot{z}, \ldots, \lambda_m' \dot{z}) \, (r), (\mu_1' \dot{x}, \ldots, \mu_n' \dot{x}) \, (r), \bar{\lambda}_1(r), \bar{\mu}_1(r)] \\
&= \bar{f}[(\Lambda(\dot{z}), M(\dot{x}), \bar{\lambda}_1, \bar{\mu}_1) \, (r)] \\
&= \bar{f}[\Phi(u) \, (r)] \, . \tag{3}
\end{aligned}$$

Entsprechend dieser Umformung bedeutet

$$\Lambda: \dot{Z} \to \dot{Z}^m,$$
$$\Lambda(\dot{z}) = (\lambda_1'\dot{z}, \dots, \lambda_m'\dot{z}): R \to Z^m$$

mit

$$\Lambda(\dot{z})\,(r) = [(\lambda_1'\dot{z})\,(r), \dots, (\lambda_m'\dot{z})\,(r)] \tag{4a}$$
$$= (\dot{z}(\lambda_1'(r)), \dots, \dot{z}(\lambda_m'(r)))$$

und ebenso

$$M: \dot{X} \to \dot{X}^n,$$
$$M(\dot{x}) = (\mu_1'\dot{x}, \dots, \mu_n'\dot{x}): R \to X^n. \tag{4b}$$

Für $\Phi(u)$ gilt mit $u = (\dot{z}, \dot{x}, \bar{\lambda}_1, \bar{\mu}_1)$

$$\Phi(u) = (\Lambda(\dot{z}), M(\dot{x}), \bar{\lambda}_1, \bar{\mu}_1): R \to Z^m \times X^n \times R^{m+n} \tag{4c}$$

mit

$$\Phi(u)\,(r) = (\Lambda(\dot{z})\,(r), M(\dot{x})\,(r), \bar{\lambda}_1(r), \bar{\mu}_1(r)) \tag{4d}$$
$$= [\dot{z}(\lambda_1'(r)), \dots, \dot{z}(\lambda_m'(r)), \dot{x}(\mu_1'(r)), \dots, \dot{x}(\mu_n'(r)),$$
$$\lambda_1'(r), \dots, \lambda_m'(r), \mu_1'(r), \dots, \mu_n'(r)]$$

und

$$m = \operatorname{card} \lambda_1(r), \quad n = \operatorname{card} \mu_1(r). \tag{4e}$$

Bezeichnen wir die globale Überführungsfunktion mit $\boldsymbol{F}$,

$$\boldsymbol{F}(\dot{z}, \dot{x}, \bar{\lambda}_1, \bar{\mu}_1) = \boldsymbol{F}(u), \tag{5}$$

so gilt mit (3)

$$\boldsymbol{F}(u)\,(r) = \bar{f}[\Phi(u)\,(r)] = f^*[\Phi(u)]\,(r) \tag{6a}$$

oder

$$\boldsymbol{F}(u) = f^*[\Phi(u)] = (\Phi f^*)\,(u), \tag{6b}$$
$$\boldsymbol{F} = \Phi f^*,$$

wenn definiert wird

$$(\Phi f^*)\,(u)\,(r) = \bar{f}[\Phi(u)\,(r)]. \tag{6c}$$

Mit (6b) ist die Überführungsfunktion $\boldsymbol{F}$ in das Produkt von zwei Teilfunktionen Φ und f^* zerlegt

(Abb. 3.5):

$$\Phi: \dot{Z} \times \dot{X} \times \{\omega\} \to \dot{Z}^m \times \dot{X}^n \times \{\omega\},$$
$$\pi_r: \dot{Z}^m \times \dot{X}^n \times \{\omega\} \to Z^m \times X^n \times R^{m+n},$$
$$\bar{f}: \dot{Z}^m \times \dot{X}^n \times R^{m+n} \to Z, \quad \omega = (\bar{\lambda}_1, \bar{\mu}_1).$$

(7)

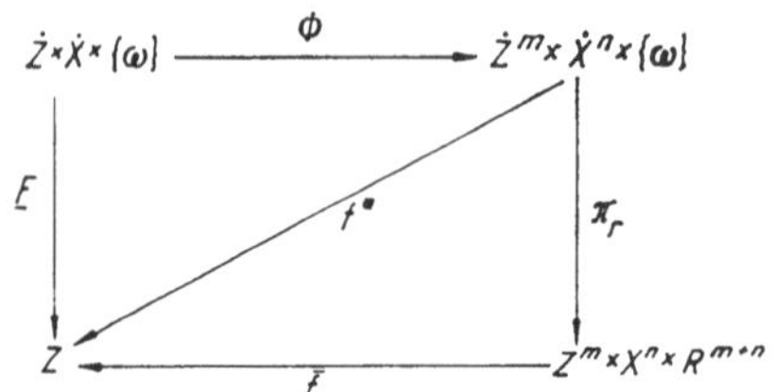

Abb. 3.5. Faktorisierung der Überführungsfunktion für diskrete Systeme

Die Berechnung von **F** aus $\bar{f}$ kann mit Hilfe der vorstehenden Beziehungen relativ einfach durchgeführt werden, wenn das System ortsinvariante Kopplungsmuster besitzt, d. h. wenn es sich um Systeme mit homogenem zellularem Raum (Array) handelt.

Nach Abschnitt 3.1, b sind dann in (1)

$$\bar{\lambda}_1(r) = \bar{\lambda}_1(0) + r,$$
$$\bar{\mu}_1(r) = \bar{\mu}_1(0) + r$$

(8a)

und

$$z' = \bar{f}[\dot{z}(\bar{\lambda}_1(0) + r), \dot{x}(\bar{\mu}_1(0) + r), \bar{\lambda}_1(0) + r, \bar{\mu}_1(0) + r]$$

(8b)

mit der vereinfachten Schreibweise

$$\Theta(\dot{z})(\bar{\lambda}_1(r)) = \dot{z}(\bar{\lambda}_1(r)) = \dot{z}(\bar{\lambda}_1(0) + r)$$
$$= (\dot{z}(\lambda_1'(0) + r), \ldots, \dot{z}(\lambda_m'(0) + r)),$$

(8c)

$$\Theta(\dot{x})(\bar{\mu}_1(r)) = \dot{x}(\bar{\mu}_1(r)) = \dot{x}(\bar{\mu}_1(0) + r)$$
$$= (\dot{x}(\mu_1'(0) + r), \ldots, \dot{x}(\mu_m'(0) + r)).$$

(8d)

Entsprechend gilt nun für (4d)

$$
\begin{aligned}
\Phi(u)\,(r) = [&\dot{z}\,(\lambda_1'(0)+r),\,\ldots,\,\dot{z}\,(\lambda_m'(0)+r)\,,\\
&\dot{x}\,(\mu_1'(0)+r),\,\ldots,\,\dot{x}\,(\mu_n'(0)+r)\,,\\
&\lambda_1'(0)+r,\ldots,\lambda_m'(0)+r,\,\mu_1'(0)+r,\,\ldots,\,\mu_n'(0)+r]\\
= [&(\nabla^{-\lambda_1'(0)}\dot{z})\,(r),\ldots,\,(\nabla^{-\mu_n'(0)}\dot{x})\,(r),\\
&\lambda_1'(0)+r,\ldots,\mu_n'(0)+r] \qquad\qquad (9)
\end{aligned}
$$

und damit

$$
\Phi(u) = [\,\nabla^{-\lambda_1'(0)}\dot{z},\,\ldots,\,\nabla^{-\mu_n'(0)}\dot{x},\,\lambda_1,\bar{\mu}_1] \qquad (10\,\mathrm{a})
$$

oder auch kürzer

$$
\begin{aligned}
\Phi(u) &= [\,\nabla^{-\bar{\lambda}_1(0)}\dot{z},\,\nabla^{-\bar{\mu}_1(0)}\dot{x},\,\lambda_1,\,\bar{\mu}_1] \qquad (10\,\mathrm{b})\\
&= [\,\nabla_2^{-\bar{\lambda}_1(0)}\dot{z}^*,\,\nabla_2^{-\bar{\mu}_1(0)}\dot{x}^*]\,,
\end{aligned}
$$

wenn noch die *neutrale Konfiguration* $\dot{e}$ durch

$$
\dot{e}(r) = r, \quad \nabla^{-r_0}\dot{e} = \dot{e}\,(r_0+r) \qquad (10\,\mathrm{c})
$$

und

$$
\begin{aligned}
\dot{z}^* = (\dot{z},\dot{e}), \quad \nabla_2^{-\bar{\lambda}_1(0)}\dot{z}^* = (\,\nabla^{-\bar{\lambda}_1(0)}\dot{z},\,\nabla^{-\bar{\lambda}_1(0)}\dot{e}) \quad (10\,\mathrm{d})\\
\nabla^{-\bar{\lambda}_1(0)} = \nabla^{-\lambda_1'(0)}\times\cdots\times\nabla^{-\lambda_m'(0)}
\end{aligned}
$$

bzw.

$$
\dot{x}^* = (\dot{x},\dot{e}), \quad \nabla_2^{-\bar{\mu}_1(0)}\dot{x}^* = (\,\nabla^{-\bar{\mu}_1(0)}\dot{x},\,\nabla^{-\bar{\mu}_1(0)}\dot{e})
$$

eingeführt werden.

Da die in (10) vorkommenden Operatoren ∇^{-r} Translationsoperatoren sind, kann die Berechnung von $\Phi(u)$ vor allem dann sehr leicht und übersichtlich durchgeführt werden, wenn der zellulare Raum durch $\mathbf{Z}^n$ gebildet wird. Man braucht nur die m Zustandskonfigurationen bzw. n Eingabekonfigurationen entsprechend (10) „ortverschoben" untereinander zu schreiben. Die vertikal untereinander stehenden Zustände z bzw. Buchstaben x ergeben dann die Argumente für $\bar{f}$ in (6c) (Abb. 3.6).

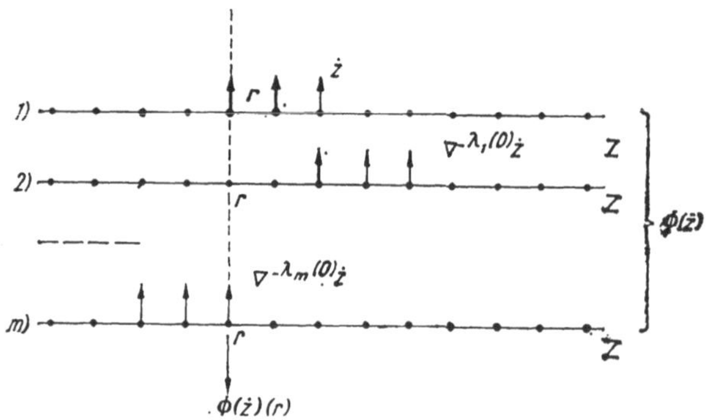

Abb. 3.6. Zur Analyse diskreter Systeme mit homogenem Raum R

In analoger Weise kann die Ergebnisfunktion $\bar{g}$ in (2) umgeformt werden.

Man erhält

$$
\begin{aligned}
y &= \bar{g}[\dot{z}(r), (\mu_1^0 \dot{x}, \ldots, \mu_p^0 \dot{x})\,(r), \bar{\mu}_0(r)] \\
&= \bar{g}[(\dot{z}, M^0(\dot{x}), \bar{\mu}_0)\,(r)] \quad (M^0(\dot{x}) = (\mu_1^0 \dot{x}, \ldots, \mu_p^0 \dot{x})) \\
&= \bar{g}[\Gamma(\dot{z}, \dot{x}, \bar{\mu}_0)\,(r)] \\
&= \bar{g}[\Gamma(u)\,(r)] \quad (u = (\dot{z}, \dot{x}, \bar{\mu}_0)) \\
&= g^*(\Gamma(u))\,(r)\,.
\end{aligned} \tag{11}
$$

Daraus folgt wieder die Zerlegung der globalen Ergebnisfunktion in zwei Teilfunktionen:

$$
\boldsymbol{g} = \Gamma \boldsymbol{g}^*. \tag{12}
$$

Die Grundbeziehungen für zeitinvariante diskrete Systeme sind damit angegeben.

Diese Systemklasse wurde — insbesondere für den Fall des homogenen Raumes — in der Literatur bisher vorrangig behandelt; allerdings ohne Hinzunahme von Ein- und Ausgabeprozessen. Wir verweisen hier besonders auf die Arbeiten [8], [9], [10].

In diesen Untersuchungen wird bei der Analyse von Systemen ausgenutzt, daß die Verschiebungsoperatoren eine Gruppe bilden und daß sich durch Strukturübertragung aus geeignet strukturierten Konfigurationsräumen $\overset{.}{Z}, \overset{.}{X}$ weitere algebraische Eigenschaften gewinnen und zur Analyse nutzen lassen.

Dieser Gedanke wird in einer anderen mathematischen Form bei der Analyse linearer Systeme noch weiter verfolgt werden. Hier sei nur so viel noch gesagt, daß der in Abschnitt 4 dargestellte sehr leistungsfähige Rechenkalkül bis zu einem gewissen Grade auf nichtlineare Systeme übertragbar ist [8], [10].

Bei rein mathematischen Untersuchungen, insbesondere in der Arbeit [11], spielen vor allem Probleme des Verhaltens von Zustandspropagationen eine zentrale Rolle.

Im folgenden Abschnitt sollen hierzu noch ein paar allgemeine Ausführungen gemacht werden.

b) Berechenbare Konfigurationen. Im einfachsten Fall liegt ein *autonomes zellulares* System vor, d. h. ein System, dessen Eingabe $\dot{x} = \dot{c} = $ konst. von r und t unabhängig ist und dessen lokale Ergebnisfunktion g durch

$$g(z, \dot{x}, t, r, \mu_0) = g(z, \dot{c}, t, r, \mu_0) \qquad (13\,\text{a})$$
$$= g^*(z, t, r)$$

oder noch einfacher durch

$$g^*(z, t, r) = z = y \qquad (13\,\text{b})$$

gegeben ist. Die Ergebnisfunktion ist dann nicht mehr von Bedeutung, und die Überführungsfunktion

$$F: F(\dot{z}, \dot{c}, t_1, t_2, r, \lambda, \mu) = F^*(\dot{z}, t_1, t_2, r, \lambda) \qquad (14)$$

hat nun im Fall des zeitinvarianten diskreten Systems die einfache Form

$$f: f(\dot{z}, r, \lambda_1) = \bar{f}(\Lambda(\dot{z})\,(r), \bar{\lambda}_1(r)) \qquad (15\,\text{a})$$
$$= \bar{f}[\Phi(\dot{z}, \lambda_1)\,(r)]\,.$$

Ist außerdem noch der Raum R homogen, so ist mit (8)

$$z' = \bar{f}(\dot{z}(\lambda_1(r)), \lambda_1(r)) \tag{15b}$$
$$= \bar{f}\,[\dot{z}\,[\bar{\lambda}_1(0) + r], \bar{\lambda}_1(0) + r]$$

oder auch

$$z' = \bar{f}[\Lambda(\dot{z})\,(r)]\,, \tag{15c}$$

wenn das System selbst homogen ist.

Die zu (15c) gehörige globale Überführungsfunktion kann nun in der Form

$$\dot{z}' = \bar{f}[\Lambda(\dot{z})\,(\cdot)] = (\Lambda f^*)\,(\dot{z}) = F(\dot{z})\,, \tag{15d}$$
$$F = \Lambda f^*$$

geschrieben werden. Ist $\dot{z}$ eine Zustandskonfiguration z. Z. t, so gibt $F(\dot{z})$ die im Zeitpunkt $t+1$ vorliegende Konfiguration an. Für die Konfiguration nach n Schritten kann dann

$$\dot{z}' = F^{(n)}(\dot{z}) = F[F(F \cdots F(\dot{z}))] \tag{16}$$

geschrieben werden.

Zur Vereinfachung der weiteren Diskussion werden wir vereinbaren, daß $R = \mathbf{Z}^2$ ist und daß unter einer Konfiguration $\dot{z}$ immer eine *endliche Konfiguration* zu verstehen ist. Endlich heißt dabei $\dot{z} \in \dot{Z}$, wenn gilt

$$\dot{z}(r) \neq z_0 \in Z \tag{17a}$$

nur für endlich viele $r \in R$. Es sei

$$\sup(\dot{z}) = \{r \mid \dot{z}(r) \neq z_0\}\,. \tag{17b}$$

Eine besondere Rolle bei Untersuchungen zur Berechenbarkeit von Funktionen spielen die *passiven Konfigurationen* $\dot{z} = \dot{c}$, für die gilt:

$$F(\dot{c}) = \dot{c}\,. \tag{18}$$

Ist auch jede *Unterkonfiguration*.

$$\dot{c}' : \dot{c} \mid \sup(\dot{c}') = \dot{c}' \mid \sup(\dot{c}') \qquad (19)$$

von $\dot{c}$ passiv, so heißt $\dot{c}$ *vollständig passiv*.

Ist $\dot{c}_0 \in \dot{X}$ passiv (vollständig passiv), so braucht es

$$\dot{c} = \dot{c}_0 \cup \dot{c}_1 \quad \left(\sup_{(\dot{c}_1 \in \dot{X})} (\dot{c}_0) \cap \sup(\dot{c}_1) \neq \emptyset \right), \qquad (20)$$

definiert durch

$$\dot{c}(r) = \begin{cases} \dot{c}_0(r), & r \in \sup(\dot{c}_0), \\ \dot{c}_1(r), & r \in \sup(\dot{c}_1), \\ z_0 & \text{sonst}, \end{cases} \qquad (21)$$

natürlich nicht zu sein, so daß ein $n \in \mathbf{N}$ existiert, für das gilt

$$\begin{aligned} F^{(n)}(\dot{c}_0) &= \dot{c}_0, \\ F^{(n)}(\dot{c}_0 \cup \dot{c}_1) &= \dot{c}', \end{aligned} \quad \dot{c}' \mid \sup(\dot{c}_0) \neq \dot{c}_0 \mid \sup(\dot{c}_0). \qquad (22)$$

In diesem Fall hat $\dot{c}_1$ auf $\dot{c}_0$ Einfluß genommen: $\dot{c}_1$ hat „Information an $\dot{c}_0$ übergeben".

Ist $\dot{C}$ eine Menge passiver Konfigurationen, und ist

$$\psi : \dot{C} \to \dot{C}, \quad \psi(\dot{c}) = \dot{c}' \quad (\dot{C} \subset \dot{X})$$

eine Abbildung von $\dot{C}$ in sich, so kann es eine weitere (nicht notwendig passive) Konfiguration $\dot{c}^*$ und für jedes $\dot{c} \in \dot{C}$ ein $n \in \mathbf{N}$ so geben, daß gilt (Abb. 3.7).

$$F^{(n)}(\dot{c} \cup \dot{c}^*) = \psi(\dot{c}) = \dot{c}'. \qquad (23)$$

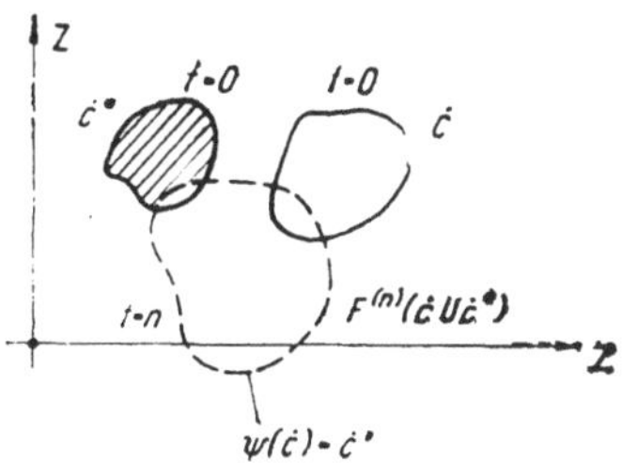

Abb. 3.7. Zustands-Konfigurationen im Raum $\mathbf{Z}^2$

In diesem und auch in einem allgemeineren Fall, wo
u. a. nur verlangt wird:

$$F^{(n)}\,(\dot c \cup \dot c*)\mid \bigcup_{\dot c \in \dot C} \sup\,(\dot c) = \psi(\dot c) \qquad (24\,\mathrm{a})$$

und

$$F^{(n)}\,(\dot c \cup \dot c*)\mid R\backslash\bigcup_{\dot c \in \dot C} \sup\,(\dot c) \qquad (24\,\mathrm{b})$$

überträgt keine Information auf $F^{(n)}\,(\dot c \cup \dot c*)\mid \bigcup_{\dot c \in \dot C} \sup(\dot c)$,
heißt ψ *berechenbar im zellularen Raum R.*

In einem zellularen Raum kann es insbesondere zu
jeder TURING-berechenbaren Funktion ψ eine Konfiguration $\dot c* \in \dot X$ geben, so daß ψ in R berechenbar ist.

Näheres hierzu findet man in [11].

4. Lineare Systeme

Übersicht zu Abschnitt 4

In diesem letzten Hauptabschnitt werden relativ
ausführlich zeitinvariante diskrete lineare Systeme behandelt. Zur Beschreibung dieser Systeme ist es zweckmäßig, die Wörter aus X, Y und Z als formale
Potenzreihen (ζ-Transformierte) über einem Körper K
aufzufassen und sie — durch geeignet eingeführte
Operationen — in einen Quotientenkörper einzubetten.
Auf diese Weise entstehen Beziehungen, die den aus der
Theorie linearer Automaten bekannten formal gleichen.
Nach dem Vorbild dieser Theorie werden z. B. die Begriffe der freien und erzwungenen Propagation eingeführt und damit gewisse Systemcharakteristiken
definiert, mit denen das grundsätzliche Verhalten linearer Systeme überschaubar wird.

Einige Überlegungen zur Einordnung spezieller Sy-
stemtypen (homogene Schichten) und Betrachtungs-
weisen (rechnender Raum, Prozeßmodelle) bilden den
Abschluß.

4.1. *Autonome Systeme*

a) Systemgleichungen. In diesem Abschnitt werden wir ausschließlich lineare Systeme (Abschnitt 3.1, d), und zwar der Einfachheit und Wichtigkeit halber zeitinvariante diskrete lineare Systeme, betrachten.

Für die Systeme dieser Klasse gelten die spezielleren Systemgleichungen (3.1–16), die bei Zeitinvarianz und diskreter Zeit die Form (vgl. 3.2–1)

$$F\,(\dot{z}, \dot{x}, t, t+1, r, \lambda, \mu) = f(\dot{z}, \dot{x}, 0, r, \lambda_1, \mu_1)$$
$$= f(\dot{z}, \dot{0}, 0, r, \lambda_1, \mu_1) + f(\dot{0}, \dot{x}, 0, r, \lambda_1, \mu_1)\,, \qquad (1\,\text{a})$$

$$g(z, \dot{x}, t, r, \mu_0) = g(z, \dot{x}, 0, r, \mu_0)$$
$$= g(z, \dot{0}, 0, r, \mu_0) + g(0, \dot{x}, 0, r, \mu_0) \qquad (1\,\text{b})$$

annehmen. $\dot{0}$ und 0 bezeichnen die Nullelemente aus $\dot{X}, T, Z$ und $\dot{Z}$.

Das System der *Elementarkonfigurationen* $\dot{z}(r')\,\delta_{r'}$ bzw. $\dot{x}(r')\,\delta_{r'}$ mit

$$\delta_{r'}: \delta_{r'}(r) = \delta\,(r - r') = \begin{cases} 1, & r = r' \\ 0, & r \neq r' \end{cases} \quad (r, r' \in R) \quad (2\,\text{a})$$

bildet ein (unendliches) System linear unabhängiger Elemente aus $\dot{X}$ bzw. $\dot{Z}$. Es bildet eine Basis für den von der Menge aller endlichen Summen (endlichen Konfigurationen)

$$\dot{z} = \sum_{r'} \dot{z}(r')\,\delta_{r'} \quad \text{bzw.} \quad \dot{x} = \sum_{r'} \dot{x}(r')\,\delta_{r'} \qquad (2\,\text{b})$$

gebildeten Unterraum $\dot{Z}' \subset \dot{Z}$ bzw. $\dot{X}' \subset \dot{X}$.

Zur weiteren Vereinfachung der Beziehungen (1) werden wir annehmen, daß $\dot{z}$ und $\dot{x}$ Elemente aus $\dot{Z}'$ und $\dot{X}'$ sind. Dabei kann noch angenommen werden, daß die Gitterpunkte von R in einer bestimmten Weise durchnumeriert sind.

Mit (2) folgt aus (1)

$$\tilde{f}(\dot{z}, \dot{x}, r, \lambda_1, \mu_1)$$
$$= \sum_{r' \in \lambda_1(r)} \tilde{f}(\dot{z}(r')\,\delta_{r'}, \dot{0}, r) + \sum_{r' \in \mu_1(r)} \tilde{f}(\dot{0}, \dot{x}(r')\,\delta_{r'}, r)\,, \quad (3\,\text{a})$$

$$\tilde{g}(z, \dot{x}, r, \mu_0)$$
$$= \tilde{g}(z, \dot{0}, r) + \sum_{r' \in \mu_0(r)} \tilde{g}(0, \dot{x}(r')\,\delta_{r'}, r)\,. \quad (3\,\text{b})$$

In (3) wurde berücksichtigt, daß $\tilde{f}$ und $\tilde{g}$ nur von den auf die entsprechenden Kopplungsmuster beschränkten Konfigurationen abhängen, so daß z. B.

$$\tilde{f}(\sum_{r' \in R} \dot{z}(r')\,\delta_{r'}, \dot{0}, r, \lambda_1, \mu_1) = \tilde{f}(\sum_{r' \in \lambda_1(r)} \dot{z}(r')\,\delta_{r'}, \dot{0}, r)$$

gesetzt werden kann. Wegen der Linearität von $\tilde{f}$ und $\tilde{g}$ kann (3) schließlich auch in der Form

$$\tilde{f}(\dot{z}, \dot{x}, r, \lambda_1, \mu_1) = \sum_{r' \in \lambda_1(r)} A(r', r)\,\dot{z}(r')$$
$$+ \sum_{r' \in \mu_1(r)} B(r', r)\,\dot{x}(r')\,, \quad (3\,\text{c})$$

$$\tilde{g}(z, \dot{x}, r, \mu_0) = C(r)\,\dot{z}(r) + \sum_{r' \in \mu_0(r)} D(r', r)\,\dot{x}(r') \quad (3\,\text{d})$$

notiert werden. $A(r', r), \ldots, D(r', r)$ bezeichnen hierbei lineare Operatoren auf den linearen Räumen Z und X (vgl. Abschnitt 3.1, d). Sind diese Räume endlich-dimensional, so werden diese Operatoren durch Matrizen dargestellt, was sich im einzelnen wie folgt ergibt.

Wir nehmen an, daß Z, X, Y m-, n- bzw. p-dimensional sind. Dann gilt mit

$$\dot{z}(r') = \sum_{k=1}^{m} z_k(r')\,e_k\,, \quad (4\,\text{a})$$

$$z_k: R \to K, \quad z_k(r') \in K, \quad e_k \in Z$$

und damit

$$\dot{z}(r')\,\delta_{r'} = \sum_{k=1}^{m} z_k(r')\,(e_k \delta_{r'}); \quad e_k \delta_{r'} = \begin{cases} e_k & (r = r')\,, \\ 0 & (r \neq r')\,. \end{cases} \quad (4\,\text{b})$$

$(e_1, \ldots, e_m)$ ist hierbei eine Basis in Z, die $z_k(r')$ sind Elemente des Körpers K.

Zu (4) analoge Beziehungen ergeben sich für $\dot{x}(r')\,\delta_{r'}$, und man erhält damit aus (3)

$$
\tilde{f}(\dot{z}, \dot{x}, r, \lambda_1, \mu_1)
$$

$$
= \sum_{r' \in \lambda_1(r)} \sum_{k=1}^{m} z_k(r')\, \tilde{f}(e_k \delta_{r'}, \dot{0}, r)
$$

$$
+ \sum_{r' \in \mu_1(r)} \sum_{k=1}^{n} x_k(r')\, \tilde{f}(\dot{0}, e'_k \delta_{r'}, r)\,, \qquad (5\,\mathrm{a})
$$

$$
\tilde{g}(z, \dot{x}, r, \mu_0)
$$

$$
= \sum_{k=1}^{m} z_k \tilde{g}(e_k, 0, r) + \sum_{r' \in \mu_1(r)} \sum_{k=1}^{n} x_k(r')\, \tilde{g}(\dot{0}, e'_k, \delta_{r'}, r)\,. \qquad (5\,\mathrm{b})
$$

$(e'_1, \ldots, e'_n)$ ist hierin eine Basis in $\dot{X}$ und $z_k(r')$, $x_k(r')$ sind Koordinaten von $z = \dot{z}(r')$ bzw. $x = \dot{x}(r')$. In (5) kann nun weiter gesetzt werden z. B.

$$
z' = \tilde{f}(\dot{z}, \dot{x}, r, \lambda_1, \mu_1) = \sum_{j=1}^{m} z'_j(r)\, e_j\,,
$$

$$
\tilde{f}(e_k \delta_{r'}, \dot{0}, r) = \sum_{j=1}^{m} a_{jk}(r', r)\, e_j\,, \qquad (6)
$$

und entsprechende Koordinatendarstellungen gelten für die anderen Vektoren aus (5). Man erhält also

$$
z'_j(r) = \sum_{r' \in \lambda_1(r)} \sum_{k=1}^{m} a_{jk}(r', r)\, z_k(r')
$$

$$
+ \sum_{r' \in \mu_1(r)} \sum_{k=1}^{n} b_{jk}(r', r)\, x_k(r')\,, \qquad (7\,\mathrm{a})
$$

$$
y_j(r) = \sum_{k=1}^{m} c_{jk}(r)\, z_k(r) + \sum_{r' \in \mu_0(r)} \sum_{k=1}^{n} d_{jk}(r', r)\, x_k(r')\,,
$$

$$
(z'(r) = z^{t+1}(r),\ z_k(r) = z_k^t(r),\ x_k(r) = x_k^t(r))\,. \qquad (7\,\mathrm{b})
$$

7 Wunsch

Wir notieren diese Systemgleichungen noch speziell
für eindimensionale Räume Z, X und Y:

$$z'(r) = \sum_{r' \in \lambda_1(r)} a(r', r)\, z(r') + \sum_{r' \in \mu_1(r)} b(r', r)\, x(r') \quad (7\,\mathrm{c})$$

$$y(r) = c(r)\, z(r) + \sum_{r' \in \mu_0(r)} d(r', r)\, x(r')\,.$$

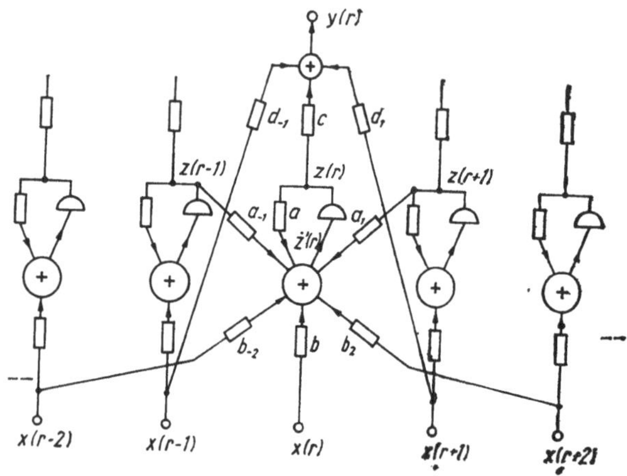

Abb. 4.1. Lineares zellulares System mit eindimensionalem Raum R

Das zugehörige Blockschaltbild ist in Abb. 4.1 angegeben, und zwar speziell für den Raum $\mathbf{Z}$ mit den Kopplungsmustern

$$\lambda_1(r) = \{r + i\}, \quad i = -1, 0, +1\,,$$
$$\mu_1(r) = \{r + i\}, \quad i = -2, 0, -2\,,$$
$$\mu_0(r) = \{r + i\}, \quad i = -1, 0, +1\,.$$

Eingezeichnet wurden nur die für die Ausgabe an der
Stelle r notwendigen Verbindungsleitungen mit den
Schaltelementen $a\,(r + i, r) = a_i$, $b\,(r + i, r) = b_i$ usw. Der
Kreis mit dem Additionszeichen bezeichnet eine
Addierstufe, der Halbkreis ein *Speicherglied*. Für (7)

kann man kürzer und übersichtlicher schreiben

$$\mathbf{z}\,(r, t+1) = \sum_{r' \in \lambda_1(r)} \mathbf{A}(r', r)\,\mathbf{z}(r', t)$$
$$+ \sum_{r' \in \mu_1(r)} \mathbf{B}(r', r)\,\mathbf{x}(r', t)\,, \qquad (8\,\mathrm{a})$$

$$\mathbf{y}(r, t) = \mathbf{C}(r)\,\mathbf{z}(r, t) + \sum_{r' \in \mu_0(r)} \mathbf{D}(r', r)\,\mathbf{x}(r', t)\,, \qquad (8\,\mathrm{b})$$

wenn noch die Matrizen

$$\mathbf{A}(r', r) = ((a_{jk}(r', r))_{m,m}, \quad \mathbf{B}(r', r) = ((b_{jk}(r', r)))_{m,n}\,,$$

$$\mathbf{C}(r) = ((c_{jk}(r)))_{p,m}\,, \quad \mathbf{D}(r', r) = ((d_{jk}(r', r)))_{p,n}$$

und die Symbole

$$z_k(r', t), x_k(r', t) \quad \text{statt} \quad z_k^t(r'), x_k^t(r')$$

eingeführt werden, deren Elemente zum Körper K gehören. Ebenso bezeichnen in (8) $\mathbf{z}(r, t)$ und $\mathbf{x}(r, t)$ die zu den Vektoren aus Z und X gehörenden Spaltenmatrizen, deren Elemente ebenfalls zum Multiplikatorbereich K gehören. Der Körper K kann dabei endlich oder unendlich sein.

Wie man (8) entnimmt, ergibt sich der neue Zustand $\mathbf{z}'(r) = \mathbf{z}(r, t+1)$ durch ungestörte Überlagerung der *Zustandsvektoren*

$$\mathbf{z}(r, t) = (z_1(\lambda_1'(r), t), \ldots, z_m(\lambda_m'(r), t)) \qquad (9\,\mathrm{a})$$

aus $\mathbf{Z}$ und der *Eingabevektoren*

$$\mathbf{x}(r, t) = (x_1(\mu_1'(r), t), \ldots, x_n(\mu_1'(r), t)) \qquad (9\,\mathrm{b})$$

aus $\mathbf{X}$. Für den *Ausgabevektor* $\mathbf{y}(r, t)$ z. Z. t gilt nach (8 b) ein entsprechendes Überlagerungsgesetz.

Ist speziell $\mathbf{x}(r, t) = \mathbf{0}$ (*autonomes System*), so ist mit (8 a) einfacher

$$\mathbf{z}\,(r, t+1) = \sum_{r' \in \lambda_1(r)} \mathbf{A}(r', r)\,\mathbf{z}(r', t)\,. \qquad (10)$$

In diesem Fall verlaufen die Änderungen der Zustandsvektoren in jedem Raumpunkt ohne Einwirkung der
Ursache $\mathbf{x}(r, t)$, und die zugehörige Konfigurationsfolge
$\mathbf{z}(\cdot, \cdot)$ wird als *freie Konfigurationsfolge* oder als *freie
(Zustands-)Propagation* (bzw. als *freie Zustandstrajek-
torie*)

$$\mathbf{z}(\cdot, \cdot) = \mathbf{z} = (\mathbf{z}(\cdot, t), \mathbf{z}(\cdot, t+1), \ldots, \mathbf{z}(\cdot, t+\nu), \ldots) \qquad (11\,\mathrm{a})$$

bezeichnet.

Offenbar ist das Verhalten der freien Propagation des
Systems allein durch die Systemmatrizen $\mathbf{A}(r', r)$ in (8)
bzw. durch die linearen Operatoren $A(r', r)$ in (3c) bestimmt. Wir werden deshalb die $\mathbf{A}(r', r)$ als *charakteristische Kopplungsmatrizen* und

$$\mathbf{A}(r) = (\mathbf{A}(\lambda_1'(r), r), \ldots, \mathbf{A}(\lambda_m'(r), r)) \qquad (11\,\mathrm{b})$$

kurz als *charakteristische (Hyper-)Matrix* oder als *Überführungsmatrix der Zustände* des linearen Systems bezeichnen. Beim Studium der *freien Ausgabekonfigurationen*

$$\mathbf{y}(\cdot, t) = \mathbf{C}(\cdot)\, \mathbf{z}(\cdot, t) \qquad (12)$$

kann man sich im wesentlichen auf eine Analyse der
freien Propagationen beschränken, da $\mathbf{y}(r, t)$ aus $\mathbf{z}(r, t)$
durch eine gegebene lineare zeitunabhängige Transfor-
mation $\mathbf{C}(r)$ bzw. $C(r)$ hervorgeht. Die allgemeine Struktur der freien Propagationen ist dann wesentlich durch
die Struktur der Hypermatrix $\mathbf{A}(r)$ festgelegt.

Nach (10) gilt für alle freien Zustandspropagationen
$\mathbf{z}(\cdot, t)$ des linearen Systems

$$\mathbf{z}(r, t+1) = \sum_{r' \in \lambda_1(r)} \mathbf{A}(r', r)\, \mathbf{z}(r', t)\,. \qquad (13)$$

Die Analyse dieser Beziehungen vereinfacht sich wesentlich für homogene Systeme, wo $\mathbf{A}$ mit $\tilde{f}$ von r unabhängig ist und $r' = \lambda_k'(r) = \lambda_k'(0) + r$ gesetzt werden kann:

$$\mathbf{z}(r, t+1) = \sum_{r' \in \lambda_1(0)} \mathbf{A}(r')\, \mathbf{z}(r'+r, t) \qquad (14\,\mathrm{a})$$

oder kürzer wegen $r' \in \mathbf{N}$

$$z(r, t+1) = \sum_{i \in I} \mathbf{A}_i z(r+i, t) . \qquad (14\,\mathrm{b})$$

Hierbei bezeichnet $\lambda_1(0)$ das Grundmuster der Zustandskopplung (Abschnitt **3.1**, b) mit der Indexmenge $I: r_i \in \lambda_1(0) \Leftrightarrow i \in I$.

Es ist nun zweckmäßig, zur weiteren Diskussion dieser und anderer Beziehungen der Theorie linearer Systeme eine besondere Transformation einzuführen.

b) ζ-Transformation. Wir ordnen jedem Wort $z : \mathbf{N} \to K$ über einem beliebigen Körper K formal eine Potenzreihe (ζ-*Transformierte*) zu, in Zeichen

$$z = (z(i))_{i \in \mathbf{N}} \to \sum_{i=0}^{\infty} z(i)\, \zeta^i \quad (z(i) \in K) \qquad (15\,\mathrm{a})$$

oder

$$T_\zeta z(i) = T_\zeta z = z^* = \sum_{i=0}^{\infty} z(i)\, \zeta^i = z(\zeta) . \qquad (15\,\mathrm{b})$$

Zwischen der Menge $\mathbf{Z}$ aller Wörter z über K und der Menge $T(\mathbf{Z}) = \mathbf{Z}^*$ ihrer Bilder besteht dann eine eineindeutige Abbildung.

In $\mathbf{Z}^*$ führen wir durch

$$z_1^* + z_2^* = z^* = \sum_{i=0}^{\infty} (z_1(i) + z_2(i))\, \zeta^i = T_\zeta (z_1 + z_2) ,$$

$$z_1^* \cdot z_2^* = z^* = \sum_{i=0}^{\infty} (z_1 * z_2)(i)\, \zeta^i = T_\zeta (z_1 * z_2) \qquad (16\,\mathrm{a})$$

mit

$$(z_1 * z_2)(i) = \sum_{s=0}^{i} z_1(s) \cdot z_2(i-s) = z(i) \qquad (16\,\mathrm{b})$$

zwei Operationen ein, wobei wir die erste als *Addition*, die zweite als *Faltung* bezeichnen.

Man verifiziert leicht, daß die Menge $\mathbf{Z}^*$ zusammen mit den Operationen (16) einen Ring bildet. Dieser

Ring ist sogar nullteilerfrei; denn sind die Reihen $\mathbf{z}_1^*$ und $\mathbf{z}_2^*$ vom *Nullelement* ($0 \in K$, Nullelement)

$$0^* = 0 + 0\zeta + 0\zeta^2 + \cdots \in \mathbf{Z}^*$$

verschieden, so müssen sie wenigstens ein von Null verschiedenes Element aus K enthalten. Sind $\mathbf{z}_1(p)$ und $\mathbf{z}_2(q)$ die kleinsten dieser Elemente, so ist

$$\mathbf{z}_1^* \cdot \mathbf{z}_2^* = 0 + 0\zeta + 0\zeta^2 + \cdots + \mathbf{z}_1(p) \cdot \mathbf{z}_2(q) + \cdots \neq 0^*$$

und damit der Ring $(\mathbf{Z}^*, +, *)$ nullteilerfrei. Also bilden die formal gebildeten Quotienten

$$\mathbf{q}^* = \frac{\mathbf{z}_1^*}{\mathbf{z}_2^*} \quad (\mathbf{z}_2^* \neq 0^*) \tag{17}$$

einen (Quotienten-)Körper $\mathbf{Q}^*$, dessen Elemente $\mathbf{q}^*$ man formal wie Quotienten ganzer Zahlen behandeln darf.

Die vorstehenden Überlegungen lassen sich auf Wörter des Typs

$$\mathbf{z} = (\mathbf{z}(i))_{i \in \mathbf{z}} \tag{18a}$$

übertragen. Es gilt in entsprechender Erweiterung

$$\mathbf{z}^* = T_\zeta \mathbf{z} = \sum_{i=-\infty}^{+\infty} \mathbf{z}(i)\, \zeta^i . \tag{18b}$$

In (16a) sind jetzt die unteren Summationsgrenzen durch $-\infty$ zu ersetzen, und (16b) lautet nun

$$(\mathbf{z}_1^* \cdot \mathbf{z}_2^*)(i) = \sum_{s=-\infty}^{+\infty} \mathbf{z}_1(s) \cdot \mathbf{z}_2(i-s) . \tag{18c}$$

Aus der Definition (16) ergeben sich mehrere Rechenregeln, von denen nur einige im weiteren benötigte angegeben werden sollen.

Es sei

$$\mathbf{z} = (\mathbf{z}(0), \mathbf{z}(1), \mathbf{z}(2), \ldots)$$

ein Wort über K,

$$z^* = \sum_{i=0}^{\infty} z(i)\, \zeta^i = T_\zeta z$$

und

$$\nabla^n z = (0, 0, \ldots, 0, z(0), z(1), \ldots), \quad (n\text{-mal } 0),$$
$$\nabla^{-n} z = (z(n), z(n+1), \ldots).$$

Dann gilt

$$T_\zeta\,(a \cdot z) = a \cdot T_\zeta(z),$$
$$T_\zeta(\nabla^n z) = z(0)\,\zeta^n + z(1)\,\zeta^{n+1} + \cdots$$
$$= \zeta^n \cdot T_\zeta z, \tag{19a}$$

$$T_\zeta(\nabla^{-n} z) = z(n) + z(n+1)\,\zeta + z(n+2)\,\zeta^2 + \cdots$$
$$= \zeta^{-n}\left[\, Tz - \sum_{i=0}^{n-1} z(i)\,\zeta^i \right], \tag{19b}$$

wenn abgekürzt gesetzt wird

$$a = \mathbf{a} = (a, 0, 0, \ldots),$$
$$= \mathbf{a}^* = a + 0\zeta + 0\zeta^2 + \cdots,$$
$$\zeta^n = 0 + 0\zeta + \cdots + 0\zeta^{n-1} + 1\zeta^n + 0\zeta^{n+1} + \cdots \tag{19c}$$

Eine besonders wichtige Regel lautet

$$T_\zeta(1, z, z^2, z^3, \ldots) = \frac{1}{1 - \zeta z} = T_\zeta z^i, \tag{19d}$$

deren Gültigkeit sich aus

$$(1 + \zeta z)\, T\,(1 + z + z^2 + \cdots) = (1 - \zeta z) \sum_{i=0}^{\infty} z^i \zeta^i = 1$$

ergibt. Dabei ist

$$1 = \mathbf{1} = \mathbf{1}^* = (1, 0, 0, \ldots) = 1 + 0\zeta + 0\zeta^2 + \cdots$$

das Einselement von Q^* bzw. $\mathbf{Z}$, für das kürzer 1 geschrieben wird.

Für die allgemeineren Wörter (18a) bleibt (19a) erhalten, während in (19b) die endliche Summe entfällt.

Die Verallgemeinerung der Regel (19d) lautet

$$T_\zeta(z^{-k}, z^{-k+1}, \ldots, z^{-1}, 1, z, z^2, \ldots) = \frac{z^{-k}\zeta^{-k}}{1-\zeta z} \, .$$

Die ζ-Transformation kann auf Wörter mit dem Indexbereich $\mathbf{N}^m$ $(m \in \mathbf{N})$ ausgedehnt werden.

Z. B. ist mit (15) für $\mathbf{z}(i, j) \in K$

$$T_\zeta \mathbf{z}(i, j) = \mathbf{z}(\zeta, j) = \sum_{i=0}^{\infty} \mathbf{z}(i, j) \, \zeta^i \, .$$

Die $\mathbf{z}(\zeta, j) \in Z^* \subset Q^*$ sind selbst Körperelemente, und damit bilden die Transformierten

$$T_{\zeta_1}\mathbf{z}(\zeta, j) = \sum_{j=0}^{\infty} \mathbf{z}(\zeta, j) \, \zeta_1^j = \mathbf{z}(\zeta, \zeta_1) = \sum_{i=0}^{\infty} \sum_{j=0}^{\infty} \mathbf{z}(i, j) \, \zeta^i \zeta_1^j$$

bezüglich Addition und Faltung einen nullteilerfreien Ring, der wieder zu einem Quotientenkörper mit den Elementen $\mathbf{z}_1(\zeta, \zeta_1)/\mathbf{z}_2(\zeta, \zeta_1)$ erweitert werden kann.

Für Matrizen über K setzen wir

$$T_\zeta((\mathbf{z}_{\mu\nu})) = ((T_\zeta \mathbf{z}_{\mu\nu})) \, .$$

Dann gilt z. B., wie leicht nachzurechnen,

$$T_\zeta((\nabla^n \mathbf{z}_{\mu\nu})) = \zeta^n T_\zeta((\mathbf{z}_{\mu\nu})) \, , \tag{19e}$$

$$(\mathbf{E} - \zeta \mathbf{A})^{-1} = \sum_{n=0}^{\infty} \mathbf{A}^n \zeta^n \, ,$$

$$\mathbf{E}: \text{Einheitsmatrix} \quad \mathbf{A} = ((a_{ik})) \, . \tag{19f}$$

c) Freie Propagationen. Wir wenden nun die vorstehenden Regeln auf (14) an.

Die μ-te Zeile in (14) lautet

$$z_\mu\,(r,\,t+1) = \sum_{i \in I}\, \sum_{j=1}^{m}\, a^i_{\mu j} z_j\,(r+i,\,t)\,. \qquad (20\,\mathrm{a})$$

Nach „Multiplikation" mit ζ^t (Transformation bez. t) und Summation über $t \in \mathbf{N}$ ergibt sich daraus nach Regel (19)

$$\zeta^{-1}\,[z_\mu(r,\,\zeta) - z_\mu(r,\,0)] = \sum_{i \in I}\, \sum_{j=1}^{m}\, a^i_{\mu j} z_j\,(r+i,\,\zeta)\,. \qquad (20\,\mathrm{b})$$

Dabei wurde noch berücksichtigt, daß offenbar nach (16) und (19)

$$\sum_{i=0}^{\infty}\left(\sum_{k=0}^{n} a_k z_k(i) \right) \zeta^i = \sum_{k=0}^{n} a_k\, \sum_{i=0}^{\infty} z_k(i)\, \zeta^i$$

$$= \sum_{k=0}^{n} a_k \cdot z_k(\zeta) \qquad (21)$$

mit

$$a_k = a_k + 0\zeta + 0\zeta^2 + \cdots \qquad (22)$$

gesetzt werden darf.

Übersichtlicher lautet (20) in Matrizenform

$$\mathbf{z}(r,\,\zeta) - \mathbf{z}(r,\,0) = \zeta\, \sum_{i \in I} A_i \mathbf{z}\,(r+i,\,\zeta)\,. \qquad (23)$$

Hieraus entnimmt man wieder, daß die Berechnung der Konfiguration z. Z. $t+1$ im wesentlichen auf die Überlagerung entsprechend „ortsverschobener" Konfigurationen z. Z. t hinausläuft (Abb. 3.6).

Ebenso kann (20a) hinsichtlich des Ortes transformiert werden, und man erhält (mit η statt ζ)

$$z_\mu\,(\eta,\,t+1)$$

$$= \sum_{i \in I}\, \sum_{j=1}^{m}\, a^i_{\mu j} \left[z_j(\eta,\,t) - \sum_{\nu=0}^{i-1} z_j(\nu,\,t)\, \eta^\nu \right] \eta^{-i}\,. \qquad (24)$$

Die weitere Diskussion der Eigenschaften der freien Propagationen soll nun für den Fall des eindimensionalen zellularen Raumes **Z** (oder jedenfalls für Räume, deren Gitternumerierung zu **Z** ordnungsisomorph ist) erfolgen. Dann erhält man für (24) einfacher

$$\mathbf{z}\,(\eta,\,t+1) = \sum_{i \in I} (\mathbf{A}_i \eta^{-i})\,\mathbf{z}(\eta,\,t) = \mathbf{A}\mathbf{z}(\eta,\,t)\,, \qquad (25\,\mathrm{a})$$

$$\mathbf{A} = \sum_{i \in I} \mathbf{A}_i \eta^{-i}$$

und daraus für die n-te (Bild-)Konfiguration (Konfiguration nach n Schritten)

$$\mathbf{z}\,(\eta,\,t+n) = \mathbf{A}^n \mathbf{z}(\eta,\,t) = \boldsymbol{\Phi}(n)\,\mathbf{z}(\eta,\,t) \qquad (25\,\mathrm{b})$$

mit der (Bild-)*Fundamentalmatrix*

$$\boldsymbol{\Phi}(n) = \mathbf{A}^n = \left(\sum_{i \in I} \mathbf{A}_i \eta^{-i}\right)^n. \qquad (26\,\mathrm{a})$$

$\mathbf{z}(\eta,\,t)$ bezeichnet die Anfangskonfiguration (im Bildbereich der ζ-Transformation). Für zweidimensionale Zustandsräume erhält man für (25) ausführlich angeschrieben z. B.

$$
\begin{aligned}
z_1\,(\eta,\,t+1) &= (a_{11} + b_{11}\eta)\,z_1(\eta,\,t) \\
&\quad + (a_{12} + b_{12}\eta)\,z_2(\eta,\,t)\,, \\
z_2\,(\eta,\,t+1) &= (a_{21} + b_{21}\eta)\,z_1(\eta,\,t) \\
&\quad + (a_{22} + b_{22}\eta)\,z_2(\eta,\,t)\,, \qquad (26\,\mathrm{b})
\end{aligned}
$$

wenn $\mathbf{A}_1 = \mathbf{A} = ((a_{ik}))$ und $\mathbf{A}_2 = \mathbf{B} = ((b_{ik}))$ gesetzt wird. Abb. 4.2 zeigt das zugehörige Schaltschema.

Aus (26) ist zu entnehmen, daß das Verhalten freier Propagationen allein durch die Fundamentalmatrix $\boldsymbol{\Phi}(n)$ bzw. charakteristische (Bild-)Matrix **A** bestimmt ist. Eine genauere Analyse der Eigenschaften dieser Matrix ist deshalb für das Zustandsverhalten zellularer Systeme von grundlegender Bedeutung.

Wesentlich für die mathematische Analyse linearer zellularer Systeme der hier betrachteten Klasse (Zeit-

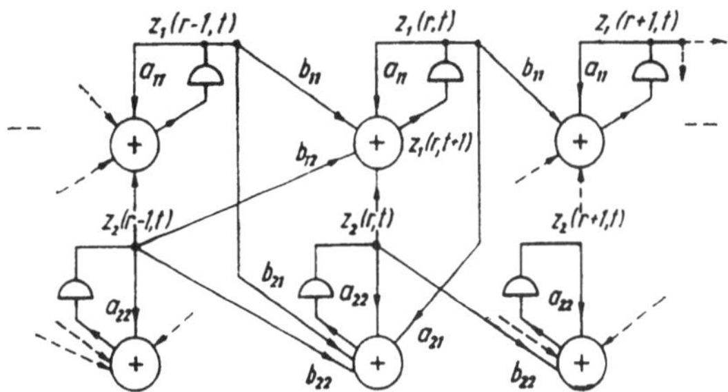

Abb. 4.2. Lineares System mit zweidimensionalem Zustandsraum
(*R*: eindimensional)

invarianz, Homogenität, zu **Z** ordnungsisomorpher zellularer Raum) ist nun, daß mit (25) das autonome Verhalten (freie Propagationen) von Systemen dieser Klasse weitgehend auf die Theorie gewöhnlicher linearer Systeme zurückgeführt ist.

Das freie Zustandsverhalten dieser einfacheren Systeme wird ebenfalls durch eine von einer Matrix **A** vermittelten linearen Transformation eines Körpers in sich beschrieben. Ein Unterschied besteht nur insofern, als die Elemente von **A** bei den hier betrachteten zellularen Systemen aus einem Quotientenkörper entnommen sind, während bei gewöhnlichen linearen Systemen Matrizen über endliche Körper (oder den Körper **R**) zur Beschreibung herangezogen werden können.

Im folgenden soll aber auf diese Strukturverwandtschaft kein Bezug genommen werden.

Für die Matrix $\boldsymbol{\Phi}(n)$ in (26) gilt ersichtlich

$$\boldsymbol{\Phi}(m)\,\boldsymbol{\Phi}(n) = \boldsymbol{\Phi}\,(m+n) \tag{27a}$$

und insbesondere

$$\boldsymbol{\Phi}(m)\,\boldsymbol{\Phi}(-m) = \boldsymbol{\Phi}(0) = \mathbf{E}\,, \tag{27b}$$

$$\boldsymbol{\Phi}(1) = \mathbf{A}\,,$$

wenn noch für reguläre **A** definiert wird

$$\boldsymbol{\Phi}(-m) = [\boldsymbol{\Phi}(-1)]^m = (A^{-1})^m. \tag{27c}$$

Wir nennen dabei $\mathbf{A}$ und allgemein $\boldsymbol{\Phi}$ regulär, wenn $\mathbf{A}$ bzw. $\boldsymbol{\Phi}$ umkehrbar sind bzw. $\det \mathbf{A} \neq 0 = ((0^*))$ ist.

Solche umkehrbaren $\mathbf{A} \colon \mathbf{Z}^* \to \mathbf{Z}^*$ gibt es natürlich.

Ist z. B. $\mathbf{A}_i = \mathbf{A}$ $(i \in I)$ und $\mathbf{A}$ eine Diagonalmatrix $((a_\mu))$, so gilt mit (25a) bzw. (24)

$$z_\mu (\eta, t+1) = a_\mu (\sum_{i \in I} \zeta^{-i}) z_\mu(\eta, t) \, ,$$

und da auch die mit a_μ multiplizierte Summe zum Quotientenkörper Q^* gehört,

$$z_\mu(\eta, t) = \frac{z_\mu (\eta, t+1)}{a_\mu \sum_{i \in I} \eta^{-i}}$$

bzw.

$$\mathbf{z}(\eta, t) = \frac{1}{\sum_{i \in I} \eta^{-i}} \left(\left(\frac{1}{a_\mu} \right) \right) \mathbf{z} (\eta, t+1) = \mathbf{A}^{-1} \mathbf{z} (\eta, t+1) \, .$$

Mit $\mathbf{A}$ ist auch $\boldsymbol{\Phi}$ umkehrbar, und die Menge aller regulären $\boldsymbol{\Phi}(m)$ $(m \in \mathbf{N})$ bildet daher eine Gruppe. Ist $\mathbf{E}_0$ das neutrale Element dieser Gruppe, so muß es ein $m_1 \in \mathbf{N}$ geben, so daß gilt

$$\boldsymbol{\Phi}(m_1) = \mathbf{E}_0 \, . \tag{28a}$$

Es ist dann auch $\boldsymbol{\Phi}(km_1) = \mathbf{E}_0^k = \mathbf{E}_0$ und damit die (Bild-) Propagation

$$(\mathbf{z} (\eta, t+n))_{n \in \mathbf{N}} = (\boldsymbol{\Phi}(n) \, \mathbf{z}(\eta, t))_{n \in \mathbf{N}} \tag{28b}$$

periodisch mit der Periode m_1.

Bei zellularen Systemen mit regulärer charakteristischer Matrix $\mathbf{A}$ sind alle Propagationen, die von Anfangskonfigurationen $\mathbf{z}(\eta, t)$ erzeugt werden, periodisch. Kürzer ausgedrückt: Alle von der Nullkonfiguration $\mathbf{z} = 0$ verschiedenen Konfigurationen sind periodisch, wenn $\mathbf{A}$ regulär ist. Das bedeutet, daß die Propagation $\mathbf{z}(\eta, \cdot)$ keine Nullkonfiguration enthalten kann, da

$\mathbf{z}(\eta, \cdot)$ sonst wegen

$$\boldsymbol{\Phi}(n)\,\mathbf{z}(\eta, t) = \mathbf{0} \Rightarrow \boldsymbol{\Phi}\,(n+k)\,\mathbf{z}(\eta, t) = \mathbf{0} \quad (k = 1, 2, \ldots)$$

nicht periodisch sein könnte.

Andernfalls ist $\mathbf{A}$ nicht regulär, und es muß mindestens eine von $\mathbf{0}$ verschiedene Konfiguration $\mathbf{z}(\eta, t)$ und eine Taktzeit m geben, so daß

$$\boldsymbol{\Phi}(m)\,\mathbf{z}(\eta, t) = \mathbf{0}\,. \tag{29a}$$

Daraus folgt

$$\boldsymbol{\Phi}\,(m+k)\,\mathbf{z}(\eta, t) = \mathbf{0} \quad \text{für alle} \quad k = 0, 1, 2\,. \tag{29b}$$

In diesem Fall gibt es also Konfigurationen $\mathbf{z}(\eta, t)$, die nach m Takten in die Nullkonfiguration übergehen, insbesondere dann, wenn $\mathbf{A}$ nilpotent ist:

$$\boldsymbol{\Phi}(m) = \begin{cases} \mathbf{0}, & m = k\,, \\ \neq \mathbf{0}, & m < k\,. \end{cases}$$

Gehört eine Anfangskonfiguration nicht zu dieser Menge, so kann sie nicht nach einer endlichen Zahl von Takten in eine Nullkonfiguration übergehen. In diesem Fall ist also (bei nichtregulärem $\boldsymbol{\Phi}$) für alle $\mathbf{z}(\eta, t)$

$$\boldsymbol{\Phi}(m)\,\mathbf{z}(\eta, t) \neq \mathbf{0} \tag{30}$$

für alle $m \in \mathbf{N}$.

Wenn es *stabile Konfigurationen*, also Konfigurationen, die der Bedingung

$$\boldsymbol{\Phi}(1)\,\mathbf{z}(\eta, t) = \mathbf{A}\mathbf{z}(\eta, t) = \mathbf{z}(\eta, t) \tag{31}$$

genügen, überhaupt gibt, dann in dem zuletzt genannten Fall (30) (wenn der triviale Fall $\mathbf{A} = \mathbf{E}$ in (28a) ausgeschlossen wird).

Die Bedingung (31) ist erfüllt, wenn gilt

$$\mathbf{A}\mathbf{z}(\eta, t) = (\sum_{i \in I} \mathbf{A}_i \eta^{-i})\,\mathbf{z}(\eta, t) = \lambda \mathbf{z}(\eta, t) \tag{32a}$$

bzw.

$$\left(\sum_{i \in I} \mathbf{A}_i \eta^{-i} - \lambda \mathbf{E} \right) \mathbf{z}(\eta, t) = 0 \qquad (32\,\mathrm{b})$$

für mindestens einen Wert $\lambda = 1 \in K$ und ein $\mathbf{z}(\eta, t)$. Aus (32 b) folgt dann weiter die Bedingung

$$\left| \sum_{i \in I} \mathbf{A}_i \eta^{-i} - \lambda \mathbf{E} \right| = 0 \,. \qquad (32\,\mathrm{c})$$

Stabile Konfigurationen sind also möglich, wenn $\mathbf{A}$ den Eigenwert 1 besitzt; die zugehörigen Eigenvektoren bilden dann stabile Konfigurationen des zellularen Systems.

Beispiel: Wir betrachten den Fall

$$\mathbf{A} = \sum_{i \in I} \mathbf{A}_i \eta^{-i} = \mathbf{A} + \mathbf{B}\eta$$

im zweidimensionalen Vektorraum. Nach (32 c) ist dann zu fordern

$$\begin{vmatrix} a_{11} + b_{11}\eta - \lambda & a_{12} + b_{12}\eta \\ a_{21} + b_{21}\eta & a_{22} + b_{22}\eta - \lambda \end{vmatrix}$$
$$= (a_{11}a_{22} - a_{21}a_{12} - \lambda\,(a_{11} + a_{22}) + \lambda^2$$
$$+ [a_{11}b_{22} + b_{11}a_{22} - \lambda\,(b_{11} + b_{22}) - a_{21}b_{12} - b_{21}a_{12}]\,\eta$$
$$+ (b_{11}b_{22} - b_{21}b_{12})\,\eta^2 = 0 \,.$$

Hinreichend sind dann die Bedingungen

$$|\mathbf{B}| = 0, \quad a_{11} = a_{22} = 0, \quad b_{11} + b_{22} = 1 \,,$$
$$a_{12} = a_{21}, \qquad b_{12} + b_{21} = -1 \qquad (33)$$

mit $\lambda = \sqrt{a_{12}a_{21}}$. Für $a_{12} = a_{21} = 1$ existiert also ein Eigenwert $\lambda = 1$.

Für einen zugehörigen Eigenvektor $\mathbf{z}(\eta, t)$ gilt dann mit (32 b)

$$(\mathbf{A} + \mathbf{B}\eta - \lambda \mathbf{E}) \cdot \mathbf{z}(\eta, t) = 0$$

oder mit Berücksichtigung von (33)

$$(b_{11}\eta - 1)\,z_1(\eta, t) + (1 + b_{12}\eta)\,z_2(\eta, t) = 0 \,,$$
$$(1 + b_{21}\eta)\,z_1(\eta, t) + (b_{22}\eta - 1)\,z_2(\eta, t) = 0 \,.$$

Speziell für die nach (33) zulässigen Werte $b_{11} = \frac{3}{2}$, $b_{22} = -\frac{1}{2}$, $b_{12} = \frac{1}{2}$, $b_{21} = -\frac{3}{2}$ erhält man

$$\left(\frac{3}{2}\eta - 1\right) z_1(\eta, t) + \left(1 + \frac{1}{2}\eta\right) z_2(\eta, t) = 0 \ ,$$

$$\left(1 - \frac{3}{2}\eta\right) z_1(\eta, t) - \left(1 + \frac{1}{2}\eta\right) z_2(\eta, t) = 0$$

mit den Lösungen

$$z_1(\eta, t) = -\frac{\dfrac{1}{2}\eta + 1}{\dfrac{3}{2}\eta - 1} \, z_2(\eta, t) \ .$$

Stabile Konfigurationen sind deshalb z. B.

$$\begin{pmatrix} z_1(\eta, t) \\ z_2(\eta, t) \end{pmatrix} = \begin{pmatrix} 1 + \dfrac{1}{2}\eta \\ 1 - \dfrac{3}{2}\eta \end{pmatrix} \cdot$$

Die zugehörige Realisierung ist in Abb. 4.3 angegeben. Sie ergibt sich aus der charakteristischen Matrix

$$\mathbf{A} = \begin{pmatrix} \dfrac{3}{2}\eta & 1 + \dfrac{1}{2}\eta \\ 1 - \dfrac{3}{2}\eta & -\dfrac{1}{2}\eta \end{pmatrix}$$

bzw. als ein Sonderfall der Abb. 4.2.

Auf eine vollständige Analyse der freien Propagationen muß an dieser Stelle verzichtet werden.

Wir bemerken lediglich noch, daß es zweckmäßig ist, hierzu die natürliche Normalform der charakteristischen Matrix $\mathbf{A}$ zu verwenden, bei der $\mathbf{A}$ durch eine Ähnlich-

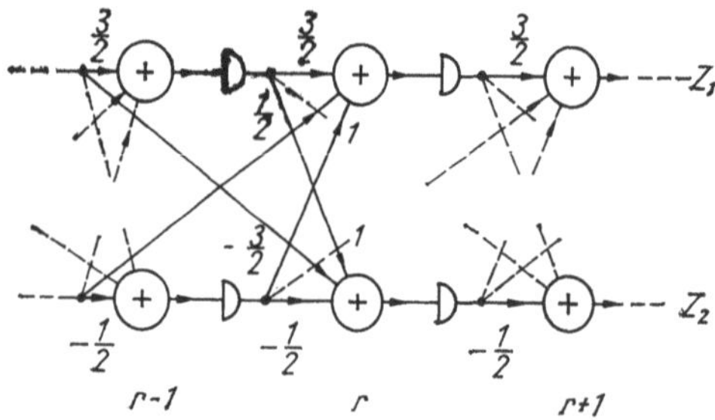

Abb. 4.3. Lineares System mit stabilen Zustands-Konfigurationen

keitstransformation $\mathbf{P}$ auf Quasidiagonalform

$$\mathbf{A}^* = \begin{pmatrix} \mathbf{A}_0 & \mathbf{0} \\ \mathbf{0} & \mathbf{A}_1 \end{pmatrix}$$

gebracht wird, worin $\mathbf{A}_0$ regulär und $\mathbf{A}_1$ nilpotent ist. Auf diese Weise erhält man eine vollständige Übersicht über die Periodenlängen, stabilen Konfigurationen, nichtperiodischen Zustände und anderen Grundeigenschaften möglicher Propagationen. Das Vorbild für diese Überlegungen bildet die Theorie (gewöhnlicher) linearer Automaten [6] [7].

4.2. *Nichtautonome Systeme*

a) Systemgleichungen. Im weiteren betrachten wir das Verhalten linearer Systeme mit von Null verschiedener Eingabe. Dabei werden wir uns wieder auf homogene Systeme mit dem zellularen Raum $\mathbf{Z}$ beschränken.

Zur Vereinfachung der Problematik soll wieder von der ζ-Transformation Gebrauch gemacht werden.

Man erhält aus (4.1—7) analog (4.1—20) für die Bildgleichungen des Systems

$$\mathbf{z}\,(\eta,\,t+1) = \mathbf{A}\mathbf{z}(\eta,\,t) + \mathbf{B}\mathbf{x}(\eta,\,t)\,, \tag{1}$$
$$\mathbf{y}(\eta,\,t) = \mathbf{C}\mathbf{z}(\eta,\,t) + \mathbf{D}\mathbf{x}(\eta,\,t)$$

mit

$$\mathbf{A} = \sum_{i \in I_1} A_i \eta^{-i}, \quad \mathbf{B} = \sum_{i \in I_2} B_i \eta^{-i}, \quad D = \sum_{i \in I_3} D_i \eta^{-i}. \quad (2)$$

$\mathbf{B}$ ist die *Überführungsmatrix der Eingabe*, $\mathbf{C}$ und $\mathbf{D}$ heißen *Ergebnismatrix* (des Zustandes bzw. der Eingabe).

Im Bildbereich der ζ-Transformation bezüglich r ist das Gleichungssystem (1) formal mit den Zustandsgleichungen eines gewöhnlichen linearen Systems identisch [7]. Wie in der Theorie dieser Systeme kann man auch hier eine (zweite) ζ-Transformation bezüglich der Zeit vornehmen und erhält (vgl. hierzu (4.1–23)) nach den Regeln in Abschnitt 4.1, b

$$\zeta^{-1}(\mathbf{z}(\eta, \zeta) - \mathbf{z}(\eta, 0)) = \mathbf{A}\mathbf{z}(\eta, \zeta) + \mathbf{B}\mathbf{x}(\eta, \zeta) , \quad (3)$$
$$\mathbf{y}(\eta, \zeta) = \mathbf{C}\mathbf{z}(\eta, \zeta) + \mathbf{D}\mathbf{x}(\eta, \zeta) .$$

Die erste Gleichung kann nach $\mathbf{z}(\eta, \zeta)$ aufgelöst werden:

$$\mathbf{z}(\eta, \zeta) = (\mathbf{E} - \zeta\mathbf{A})^{-1} \zeta\mathbf{B}\mathbf{x}(\eta, \zeta) + (E - \zeta A)^{-1} \mathbf{z}(\eta, 0). \quad (4)$$

Zusammen mit der zweiten Gleichung in (3) ist dann

$$\mathbf{y}(\eta, \zeta) = [\mathbf{C} (\mathbf{E} - \zeta\mathbf{A})^{-1} \zeta\mathbf{B} + \mathbf{D}] \mathbf{x}(\eta, \zeta) \quad (5)$$
$$+ \mathbf{C} (\mathbf{E} - \zeta\mathbf{A})^{-1} \mathbf{z}(\eta, 0) .$$

Der zweite Summand in (5) repräsentiert den *freien Vorgang* $\mathbf{y}_f(\eta, \zeta)$ im System:

$$\mathbf{y}_f(\eta, \zeta) = \mathbf{C} (\mathbf{E} - \zeta\mathbf{A})^{-1} \mathbf{z}(\eta, 0) = \mathbf{C}T_\zeta \mathbf{A}^t \mathbf{z}(\eta, 0) \quad (6\,\mathrm{a})$$

oder mit (4.1–19) und in Übereinstimmung mit (4.1–25)

$$\mathbf{y}_f(\eta, t) = \mathbf{C}\mathbf{A}^t \mathbf{z}(\eta, 0) . \quad (6\,\mathrm{b})$$

Die (von der Eingabe $\mathbf{x}(\eta, \zeta)$) erzwungene Ausgabe $\mathbf{y}_e(\eta, \zeta)$ ist dann nach (5) durch

$$\mathbf{y}(\eta, \zeta) = \mathbf{H} \cdot \mathbf{x}(\eta, \zeta) \quad (7\,\mathrm{a})$$

mit der *Übertragungsmatrix*

$$\begin{aligned}
\mathbf{H} = \mathbf{H}(\eta, \zeta) &= \mathbf{C}\,(\mathbf{E} - \zeta\mathbf{A})^{-1}\,\zeta\mathbf{B} + \mathbf{D} \\
&= \mathbf{C}\,\frac{(\mathbf{E} - \zeta\mathbf{A})^{\mathrm{ad}j}\,\zeta\mathbf{B}}{|\mathbf{E} - \zeta\mathbf{A}|} + \mathbf{D} \\
&= \mathbf{C}\,\frac{\zeta\,(\mathbf{E} - \zeta\sum_i \mathbf{A}_i\eta^{-i})^{\mathrm{ad}j}\,(\sum_i \mathbf{B}_i\eta^{-i})}{|\mathbf{E} - \zeta\sum_i \mathbf{A}_i\eta^{-i}|} + \sum_i D_i\eta^{-i} \quad (7\,\mathrm{b})
\end{aligned}$$

gegeben.

Man kann also setzen

$$\mathbf{y}(\eta, \zeta) = \mathbf{H}(\eta, \zeta)\cdot\mathbf{x}(\eta, \zeta) + \mathbf{C}\,(\mathbf{E} - \zeta\mathbf{A})^{-1}\cdot\mathbf{z}(\eta, 0)\,. \qquad (8\,\mathrm{a})$$

Die Rücktransformation bezüglich ζ ergibt

$$\begin{aligned}
\mathbf{y}(\eta, t) = \mathbf{C}\mathbf{A}^t\mathbf{z}(\eta, 0) \\
+ \sum_{j=0}^{t-1} \mathbf{C}\mathbf{A}^j\mathbf{B}\,(\eta, t-j-1) + \mathbf{D}\mathbf{x}(\eta, t) \qquad (8\,\mathrm{b})
\end{aligned}$$

oder mit (4.1—26) und (7) zweckmäßiger

$$\mathbf{y}(\eta, t) = \mathbf{C}\boldsymbol{\Phi}(t)\,\mathbf{z}(\eta, 0) + \sum_{j=0}^{t} \mathbf{H}\,(\eta, t-j)\,\mathbf{x}(\eta, j)\,, \quad (9\,\mathrm{a})$$

wenn noch die *Gewichtsmatrix*

$$\mathbf{H}(\eta, t) = \begin{cases} \mathbf{C}\mathbf{A}^{t-1}\mathbf{B}, & t \geqq 1\,, \\ \mathbf{D}, & t = 0 \end{cases} \qquad (9\,\mathrm{b})$$

eingeführt wird.

Die zuletzt angegebene Beziehung beschreibt das Ein-Ausgabeverhalten des Systems bei Elimination der Zustände, für die analog dem Dargelegten, insbesondere (9a), der Zusammenhang

$$\mathbf{z}(\eta, t) = \boldsymbol{\Phi}(t)\,\mathbf{z}(\eta, 0) + \sum_{j=0}^{t-1} \boldsymbol{\Phi}(j)\,\mathbf{B}\mathbf{x}\,(\eta, t-j-1) \qquad (10\,\mathrm{a})$$

besteht. Auch die Zustandspropagationen setzen sich damit im allgemeinen Fall aus freien und erzwungenen Anteilen zusammen.

In den weiteren Überlegungen sollen nur noch erzwungene Prozesse eine Rolle spielen, wobei wir uns auf das Studium der erzwungenen Ausgabepropagationen bzw. -konfigurationen beschränken werden. Außerdem werden wir zur Vereinfachung insbesondere der den analytischen Ausdrücken zugeordneten Schaltungsschemata noch annehmen, daß alle Vektorräume eindimensional sind. Die Systemgleichungen (4.1–8) lauten nun einfacher

$$z(\eta, t+1) = \left(\sum_{i \in I_1} a_i \eta^{-i} \right) z(\eta, t) + \left(\sum_{i \in I_2} b_i \eta^{-i} \right) x(\eta, t),$$

$$y(\eta, t) = cz(\eta, t) + \left(\sum_{i \in I_3} d_i \eta^{-i} \right) x(\eta, t) . \tag{10 b}$$

b) Systemcharakteristiken. Nach (7) und (9) erhält man die von $\mathbf{x}(\eta, \zeta)$ erzwungenen (transformierten) Ausgaben bzw. Ausgabekonfigurationen aus

$$\mathbf{y}(\eta, \zeta) = \mathbf{H}(\eta, \zeta)\, \mathbf{x}(\eta, \zeta) , \tag{11 a}$$

bzw. aus

$$\mathbf{y}(\eta, t) = \sum_{s=0}^{t} \mathbf{H}(\eta, t-s)\, \mathbf{x}(\eta, s) , \tag{11 b}$$

worin die *Gewichtsmatrix* $\mathbf{H}(\eta, t)$ durch (9 b) gegeben ist:

$$\mathbf{H}(\eta, 0) = \mathbf{D}, \qquad \mathbf{H}(\eta, 2) = \mathbf{CAB} , \tag{12}$$
$$\mathbf{H}(\eta, 1) = \mathbf{CB}, \qquad \mathbf{H}(\eta, 3) = \mathbf{CA^2B} .$$

Für die Elemente von $\mathbf{H}(\zeta, t)$, die *Impulsantworten* $h_{\mu\nu}(\eta, t)$, gilt dann mit (11)

$$y_\mu(\eta, t) = \sum_{s=0}^{t} \sum_{\nu=1}^{m} h_{\mu\nu}(\eta, t-s)\, x_\nu(\eta, s) , \tag{13 a}$$

wofür wir bei Beschränkung auf eindimensionale Vektorräume einfacher

$$y(\eta, t) = \sum_{s=0}^{t} h(\eta, t-s)\, x(\eta, s) \tag{13 b}$$

8*

setzen können mit

$$h(\eta, t) = \begin{cases} c(\sum_{i \in I_1} a_i \eta^{-i})^{t-1} \cdot (\sum_{i \in I_2} b_i \eta^{-i}) & (t \geq 1) , \\ \sum_{i \in I_3} d_i \eta^{-i} . \end{cases} \tag{14}$$

Diese Beziehungen ergeben sich aus dem Vorstehenden, wenn man beachtet, daß im eindimensionalen Fall an die Stelle der Matrizen $((a_{ik})), \ldots, ((d_{ik}))$ die Skalare (Körperelemente) $((a_{11})) = a, \ldots, ((d_{11})) = d$ treten.

Speziell für die Eingabe-Propagation

$$x(\eta, \cdot) = x(\eta, 0) \, \delta(\cdot), \quad \delta(\cdot)\,(t) = \delta(t) = \begin{cases} 1 & (t = 0) , \\ 0 & (t \neq 0) \end{cases} \tag{15}$$

erhält man aus (13 b)

$$y(\eta, t) = h(\eta, t)\, x(\eta, 0)$$
$$= h(\eta, t) \sum_{i=-\infty}^{+\infty} x(i, 0)\, \eta^{-i}$$

oder

$$y_i(\eta, t) = h(\eta, t)\, x(i, 0)\, \eta^{-i}.$$

Daraus folgt eine direkte Definitionsgleichung für die *Gewichtspropagation* $h(\eta, \cdot)$ oder *Impulsantwort (Gewichts-funktion)* des Systems (Abb. 4.4):

$$h(\eta, \cdot): h(\eta, t) = \frac{y_i(\eta, t)}{\eta^{-i}x(i, 0)} = \frac{y_0(\eta, t)}{x(0, 0)} . \tag{16}$$

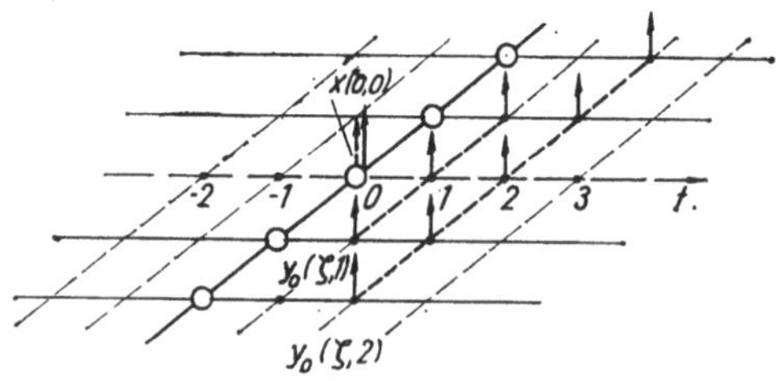

Abb. 4.4. Impulsantwort (Gewichtsfunktion) eines linearen zellularen Systems

Eine weitere Darstellung des Zusammenhangs (16) folgt aus (11 a) bzw. (13 b):

$$y(\eta, \zeta) = h(\eta, \zeta) \cdot x(\eta, \zeta) \, .$$

Nach (7 b) kann gesetzt werden

$$\frac{y(\eta, \zeta)}{x(\eta, \zeta)} = h(\eta, \zeta) = \frac{c\zeta \sum_i b_i \eta^{-i}}{1 - \zeta \sum_i a_i \eta^{-i}} + \sum_i d_i \eta^{-i} \, . \qquad (17)$$

Die ζ-transformierte Gewichtspropagation, die *Über-tragungsfunktion* des Systems, ist damit immer eine rationale Funktion der „Transformationsvariablen" η und ζ.

Nach (16) ist für jeden Zeitpunkt t die Ausgabekonfiguration berechenbar, wenn die Gewichtsfunktion des Systems bekannt ist. Die Testvorschrift zur experimentellen Bestimmung von $h(\eta, t)$ ist durch (16) gegeben, und (14) und (17) beschreiben den Zusammenhang der Gewichtsfunktion $h(\eta, t)$ bzw. der Übertragungsfunktion mit den Systemparametern $a_i, b_i\, c$ und d_i sowie den Kopplungsmustern $\lambda_1(0), \mu_1(0)$ und $\mu_0(0)$. Bei einem gegebenen System sind diese Größen bekannt, und es ist keine besondere Aufgabe, daraus mit (14) bzw. (17) $h(\eta, t)$ bzw. $h(\eta, \zeta)$ oder die Ausgabepropagation $(y(\eta, 0), y(\eta, 1), \ldots)$ zu berechnen.

Weniger elementar ist die Aufgabe, zu einer vorgegebenen Propagation $y(\eta, \cdot)$ das realisierende System zu bestimmen.

Hierzu ist zunächst zu bemerken, daß nach (14) gilt

$$h(\eta, 0) = \sum_{i \in I_3} d_i \eta^{-i} \, , \qquad (18\,\mathrm{a})$$

$$h(\eta, 1) = \sum_{i \in I_2} b_i \eta^{-i}, \quad h(\eta, 2) = c \big(\sum_{i \in I_1} a_i \eta^{-i} \big) \big(\sum_{i \in I_2} b_i \eta^{-i} \big) \, .$$

Hiernach werden die Kopplungsmuster — bis auf den Faktor c — durch die ersten drei Gewichtskonfigurationen vollständig freigelegt. Das Ausgabekopplungsmuster $\mu_0(0)$ ergibt sich direkt aus $h(\eta, 0)$, die anderen beiden Kopplungsmuster $\mu_1(0)$ und $\lambda_1(0)$ sind aus $h(\eta, 1)$ und $h(\eta, 2)$ berechenbar:

$$\mu_1(0): \frac{h(\eta, 1)}{c} = \sum_{i \in I_2} b_i \eta^{-i}, \tag{18b}$$

$$\lambda_1(0): \frac{h(\eta, 2)}{h(\eta, 1)} = \sum_{i \in I_1} a_i \eta^{-i}. \tag{18c}$$

Natürlich ist der Realisierungsspielraum wesentlich größer, wenn nur $h(0, t)$ vorgeschrieben ist. Nach (14) ist dann nur zu fordern

$$h(0, t) = \begin{cases} c(\sum_{i \in I_1} a_i)^{t-1} (\sum_{i \in I_2} b_i) & (t \geq 1), \\ \sum_{i \in I_3} d_i & (t = 0). \end{cases} \tag{18d}$$

Ergänzend zu Vorstehendem werden wir noch zellulare Systeme mit dem zellularen Raum $\mathbf{Z}^n$, insbesondere dem Raum $\mathbf{Z}^2$, betrachten. Für homogene Systeme mit eindimensionalen Alphabeten X, Y, Z gilt mit (4.1–8) speziell

$$z(r, t+1) = \sum_{\mathbf{i} \in I_1} a_\mathbf{i} z(r + \mathbf{i}, t) + \sum_{\mathbf{i} \in I_2} b_\mathbf{i} x(r + \mathbf{i}, t),$$

$$y(r, t) = cz(r, t) + \sum_{\mathbf{i} \in I_3} d_\mathbf{i} x(r + \mathbf{i}, t), \tag{19a}$$

oder genauer im Fall $R = \mathbf{Z}^2$ mit $r = (u, v)$, $\mathbf{i} = (i, j)$,

$$z(u, v, t+1) = \sum_{(i,j) \in I_1} a_{ij} z(u+i, v+j, t)$$
$$+ \sum_{(i,j) \in I_2} b_{ij} x(u+i, v+j, t),$$

$$y(u, v, t) = cz(u, v, t) + \sum_{(i,j) \in I_3} d_{ij} x(u+i, v+j, t). \tag{19b}$$

Die ζ-Transformation bezüglich (u, v) überführt (1b) in

$$z(\eta_u, \eta_v, t+1) = \sum_{(i,j) \in I_1} a_{ij} \eta_u^{-i} \eta_v^{-j} z(\eta_u, \eta_v, t)$$
$$+ \sum_{(i,j) \in I_2} b_{ij} \eta_u^{-i} \eta_v^{-j} x(\eta_u, \eta_v, t),$$

$$y(\eta_u, \eta_v, t) = cz(\eta_u, \eta_v, t) + \sum_{(i,j) \in I_3} d_{ij} \eta_u^{-i} \eta_v^{-j} x(\eta_u, \eta_v, t). \tag{19c}$$

Durch Vergleich mit den entsprechenden Beziehungen
für Systeme mit dem zellularen Raum $R = \mathbf{Z}$ stellt
man fest, daß sich hier keine grundsätzlich neuen Zusammenhänge ergeben, auch dann nicht, wenn zum
Raum $\mathbf{Z}^3$ übergegangen wird.

Für die freien Zustandspropagationen gilt nun

$$z\,(\eta_u, \eta_v, t+1) = \sum_{(i,j)\in I_1} a_{ij}\eta_u^{-i}\eta_v^{-j}z(\eta_u, \eta_v, t)\,, \qquad (20)$$

und für die Gewichtspropagation bzw. die Übertragungsfunktion ist nun zu setzen

$$h(\eta_u, \eta_v, t) = \begin{cases} c\,(\sum_{(i,j)\in I_1} a_{ij}\eta_u^{-i}\eta_v^{-j})^{t-1}\,(\sum_{(i,j)\in I_2} b_{ij}\eta_u^{-i}\eta_v^{-j}) \\ \qquad\qquad\qquad\qquad\qquad\qquad (t\geqq 1)\,, \\ \sum_{(i,j)\in I_3} d_{ij}\eta_u^{-i}\eta_v^{-j} \end{cases} \qquad (21\,\mathrm{a})$$

bzw.

$$h(\eta_u, \eta_v, \zeta) = \frac{c\zeta \sum_{(i,j)} b_{ij}\eta_u^{-i}\eta_v^{-j}}{1 - \zeta \sum_{(i,j)} a_{ij}\eta_u^{-i}\eta_v^{-j}} + \sum_{(i,j)} d_{ij}\eta_u^{-i}\eta_v^{-j}\,. \qquad (21\,\mathrm{b})$$

Auch hier werden die Kopplungsmuster $\lambda_1(0)$, $\mu_1(0)$,
$\mu_0(0)$ offenbar durch die drei ersten Ausgabe- bzw.
Gewichtspropagationen widergespiegelt.

Die Darlegungen zeigen, daß auch bei zellularen
Räumen $\mathbf{Z}^n$ mit $h > 2$ die allgemeine Form von (19)
erhalten bleibt (und damit auch die von (20) bzw. (21)),
z. B.:

$$z\,(\eta_u, \dots, t+1) = \sum_{(i,\dots)\in I_1} P_a\,(\eta_u, \dots)\,z(\eta_u, \dots) + \cdots.$$

Die Kopplungsmuster $\lambda_1(0)$, $\mu_1(0)$ und $\mu_0(0)$ sind dabei
durch die Polynome $P_{a,b,d}\,(\eta_u \cdots)$ bestimmt. Bei
homogenen Systemen gilt sogar noch einfacher, z. B.
für die freien Propagationen,

$$z\,(\eta_u, \dots, t+1) = P_a(\eta_u, \dots)\,z(\eta_u, \dots)\,.$$

Die ortstransformierte Konfiguration $z\,(\eta_u, \dots, t+1)$
z. Z. $t+1$ ist also hier das Produkt von „transfor-

miertem Kopplungsmuster" $P_a(\eta_u, \ldots)$ und transformierter Konfiguration z. Z. t.

Das Ablesen des Kopplungsgraphen aus $P_a(\eta_u, \ldots)$ macht keine Schwierigkeiten, z. B. gehört zu

$$P_a(\eta_u \eta_v) = a_1 \eta_u^{-2}\eta_v^{-1} + a_2 \eta_u^{-1}\eta_v^2 + a_3 \eta_u^2 \eta_v^1 + a_4 \eta_v^2 + a_5$$

offenbar das Kopplungsmuster Abb. 4.5.

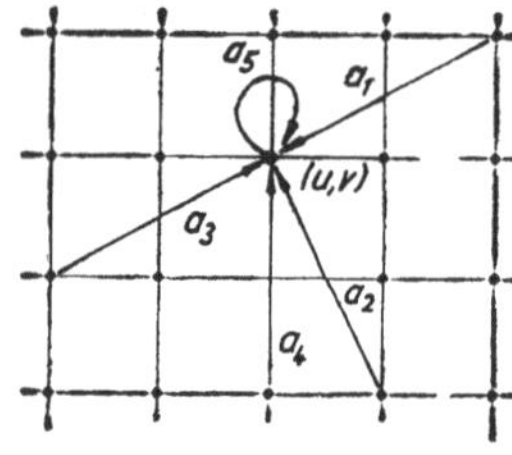

Abb. 4.5. Kopplungsgraph der Zustände (Beispiel)

c) Systemsynthese. Nach den vorstehenden Ausführungen ist ein lineares System der betrachteten Klasse durch gewisse Systemcharakteristiken mehr oder weniger vollständig beschrieben.

Die Eigenschaften der charakteristischen Matrix **A** sind für das freie Verhalten (autonomes System) bestimmend, während die Übertragungs- bzw. Gewichtsmatrix das erzwungene (Übertragungs-)Verhalten charakterisieren. Im einfachsten Fall (eindimensionale Alphabete X, Y und Z) und eindimensionaler zellularer Raum bestehen zusammengefaßt folgende Beziehungen:

Systemgleichungen:

$$z\,(r, t+1) = \sum_{i \in I_1} a_i z\,(r+i, t) + \sum_{i \in I_2} b_i x\,(r+i, t)\,,$$

$$y(r, t) = cz(r, t) + \sum_{i \in I_3} d_i x\,(r+i, t)\,. \tag{22a}$$

Freie Propagationen:

$$z\,(\eta, t+n) = (P_a(\eta))^n\, z(\eta, t)\,, \quad P_a(\eta) = \sum_{i \in I_1} a_i \eta^{-i}\,,$$

$$= T_\eta z\,(r, t+n)\,; \tag{22b}$$

Übertragungsfunktion:

$$\frac{y(\eta, \zeta)}{x(\eta, \zeta)} = h(\eta, \zeta) = \frac{c\zeta P_b(\eta)}{1 - \zeta P_a(\eta)} + P_d(\eta),$$

$$P_b(\eta) = \sum_{i \in I_2} b_i \eta^{-i}, \quad P_d(\eta) = \sum_{i \in I_3} d_i \eta^{-i}; \qquad (22\,\mathrm{c})$$

Gewichtsfunktion:

$$h(\eta, t) = \begin{cases} c(P_a(\eta))^{t-1} P_b(\eta) & (t \geqq 1), \\ P_b(\eta) & (t = 0), \end{cases}$$

$$= y_0(\eta, t)/x(0, 0). \qquad (22\,\mathrm{d})$$

Die einzelnen Systemcharakteristiken lassen sich ineinander umrechnen, worauf aber im einzelnen nicht mehr eingegangen werden kann. Hier sollen nur noch ein paar Bemerkungen zur Synthese von zellularen Schaltungen gemacht werden.

Während die Analyse, die Ermittlung der Systemcharakteristiken gegebener Schaltungen keine prinzipiellen Schwierigkeiten bereitet, ist die Umkehrung, zu gegebenen Charakteristiken realisierende Schaltungen anzugeben, im allgemeinen wesentlich schwieriger zu beherrschen.

Das Problem der Synthese zerfällt grob in zwei Grundfragen:

a) Welche (möglichst einfachen und allgemeinen) Bedingungen sind notwendig und hinreichend dafür, daß eine Funktion $F(\eta, \zeta)$, $F(\eta, t)$ usw. Übertragungsfunktion, Gewichtsfunktion usw. eines linearen zellularen Systems ist?

b) Nach welchem Algorithmus kann für zulässige Funktionen $F(\eta, \zeta)$, $F(\eta, t)$ usw. eine realisierende Schaltung gefunden werden?

Bezeichnen wir die durch (22) definierte Klasse linearer Systeme mit L_α, so lautet ein sehr einfacher unter a) einzuordnender

Satz 1: *Ein rationaler Ausdruck $F(\eta, \zeta)$ ist genau dann Übertragungsfaktor eines Systems der Klasse L_α, wenn F in ζ den Grad 1 besitzt.*

Beweis: Die Bedingung ist offensichtlich notwendig. Ist sie erfüllt, so gilt

$$F(\eta, \zeta) = \frac{P_1(\eta) + \zeta P_2(\eta)}{P_3(\eta) + \zeta P_4(\eta)}.\qquad(23)$$

Daraus folgt

$$F(\eta, \zeta) = \frac{P_1(\eta)}{P_3(\eta)} + \frac{\zeta\left(\dfrac{P_2(\eta)}{P_3(\eta)} - \dfrac{P_4(\eta)\,P_1(\eta)}{P_3^2(\eta)}\right)}{1 - \zeta\left(-\dfrac{P_4(\eta)}{P_3(\eta)}\right)},$$

$$= P_d(\eta) + \frac{c\zeta P_b(\eta)}{1 - \zeta P_a(\eta)}.\qquad(24\,\mathrm{a})$$

$$P_a(\eta) = -\frac{P_4(\eta)}{P_3(\eta)}, \quad P_b(\eta) = \frac{P_2(\eta)}{P_3(\eta)} - \frac{P_4(\eta)\,P_1(\eta)}{P_3^2(\eta)},$$

$$P_d(\eta) = \frac{P_1(\eta)}{P_3(\eta)}, \quad c = 1.\qquad(24\,\mathrm{b})$$

Das allgemeine Realisierungsschema ist in Abb. 4.6 angegeben. Jeder schraffierte Kreis bezeichnet dabei eine *Addierstufe* mit *Verzögerungsglied* (Systemzelle) entsprechend Abb. 4.1.

Folgerung: *Mit* $h(\eta, \zeta)$ *ist auch* $1/h(\eta, \zeta)$ *ein realisierbarer Übertragungsfaktor.*

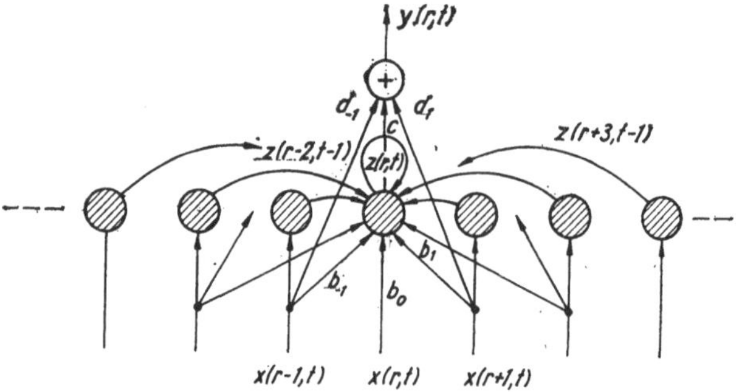

Abb. 4.6. Lineares diskretes zellulares System mit eindimensionalem Raum R

d) Homogene Schichten. Der zuletzt angegebene Satz 1 hat Bedeutung für die Analyse und den Entwurf von homogenen Schichten bzw. Neuronennetzwerken.

Schaltet man zwei zellulare Systeme so in Kette — im einfachsten Fall zwei Systeme der Klasse L_α entsprechend (22) — daß die Eingabe des zweiten Systems mit der Ausgabe des ersten zusammenfällt, so ist der Gesamtübertragungsfaktor der Kette gleich dem Produkt der Einzelübertragungsfaktoren (Abb. 4.7):

$$h(\eta, \zeta) = \frac{y_2(\eta, \zeta)}{x_1(\eta, \zeta)} = \frac{y_2(\eta, \zeta)}{x_2(\eta, \zeta)} \cdot \frac{y_1(\eta, \zeta)}{x_1(\eta, \zeta)}$$
$$= h_1(\eta, \zeta) \cdot h_2(\eta, \zeta) . \tag{25}$$

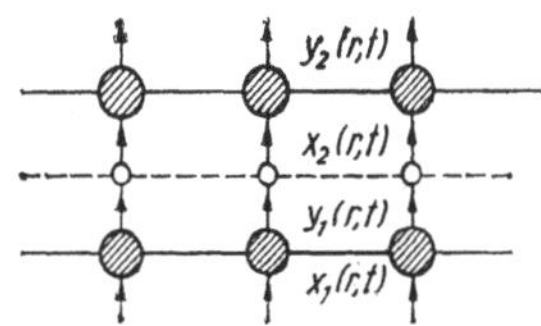

Abb. 4.7. Kopplung homogener Schichten

Nach Satz 1 ist dann

$$h(\eta, \zeta) = \frac{P_1^1(\eta)\, P_1^2(\eta) + \zeta\,[P_1^1(\eta)\, P_2^2(\eta) + P_2^1(\eta)\, P_1^2(\eta)] + \zeta^2 P_2^1(\eta)\, P_2^2(\eta)}{P_3^1(\eta)\, P_3^2(\eta) + \zeta\,[P_3^1(\eta)\, P_4^2(\eta) + P_4^1(\eta)\, P_3^2(\eta)] + \zeta^2 P_4^1(\eta)\, P_4^2(\eta)}$$
$$= F(\eta, \zeta) .$$

Das ist ein rationaler Ausdruck in η und ζ, und zwar vom Grad 2 in ζ.

Wir lassen es offen, ob jeder rationale Ausdruck $F(\eta, \zeta)$ 2-ten Grades (und allgemeiner n-ten Grades) durch Kettenschaltung eindimensionaler Systeme realisiert werden kann.

Man kann mehrere eindimensionale Systeme in Kette schalten und erhält als Übertragungsfaktor

$$h(\eta, \zeta) = \Pi_\nu h_\nu(\eta, \zeta) . \tag{26}$$

In der gleichen Weise lassen sich zweidimensionale (ebene) Systeme in Kette schalten oder *schichten*, und der Übertragungsfaktor z. B. von n gleichen *Schichten* ist die n-te Potenz des Übertragungsfaktors einer Schicht.

Nach Satz 1 ist mit $h(\eta, \zeta)$ auch $1/h(\eta, \zeta)$ realisierbar. Zu jedem System gibt es also ein inverses, das die Wirkung des ersten vollständig aufhebt.

Homogene Schichten erhält man aber nicht nur dadurch, daß man einfachere Systeme schichtet, sondern sie lassen sich auch als allgemeine zellulare Systeme mit speziellen Kopplungsmustern interpretieren.

Wir erläutern diesen Gedanken am Beispiel des zweidimensionalen zellularen Raumes und zeigen, daß er bei speziellen Kopplungen in geschichtete eindimensionale Systeme entartet.

Der Übertragungsfaktor eines zweidimensionalen Systems hat allgemein die Form

$$h(\eta_u, \eta_v, \zeta) = \frac{y(\eta_u, \eta_v, \zeta)}{x(\eta_u, \eta_v, \zeta)} = \frac{c\zeta P_b(\eta_u, \eta_v)}{1 - \zeta P_a(\eta_u, \eta_v)} + P_d(\eta_u, \eta_v) \, . \tag{27}$$

Daraus folgt

$$y(\eta_u, \eta_v, \zeta) = h(\eta_u, \eta_v, \zeta) \cdot x(\eta_u, \eta_v, \zeta)$$

und nach Anwendung von $T_{\eta_v}^{-1}$

$$y(\eta_u, v, \zeta) = [h(\eta_u, v, \zeta)] * [x(\eta_u, v, \zeta]$$
$$= \sum_{s=-\infty}^{+\infty} h(\eta_u, s, \zeta) \cdot x(\eta_u, v-s, \zeta) \, .$$

Wir nehmen an, daß Eingaben nur an den Gitterpunkten $(u, 0)$, $u \in \mathbf{Z}$, erfolgen; dann ist $x(\eta_u, v, \zeta) = 0$ für $v \neq 0$, und es folgt mit $v = v_0 = \text{konst.}$

$$y(\eta_u, v_0, \zeta) = h(\eta_u, v_0, \zeta) \cdot x(\eta_u, 0, \zeta) \, . \tag{28}$$

$h(\eta_u, v_0, \zeta)$ ist der Übertragungsfaktor zwischen den Gitterpunkten (Schichten) $(u, 0)$ und (u, v_0) (Abb. 4.8).

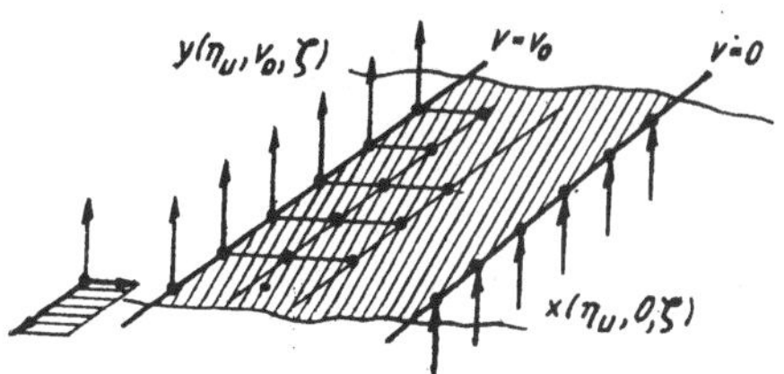

Abb. 4.8. Einbettung (diskreter) homogener Schichten in
zellulare Räume

Nach (27) und (21 b) ist

$$h(\eta_u, \eta_v, \zeta) = \frac{c\zeta \sum_i \sum_j b_{ij}\eta_u^{-i}\eta_v^{-j}}{1 - \zeta \sum_i \sum_j a_{ij}\eta_u^{-i}\eta_v^{-j}} + \sum_i \sum_j d_{ij}\eta_u^{-i}\eta_v^{-j}. \quad (29)$$

Homogene Schichten besitzen immer „gerichtete"
Kopplungsmuster des Zustandes (Abb. 4.9), in (29)
kann dann in der „Zählersumme" nur $j=1$ oder $j=0$
gelten. Da Ein- und Ausgabe nur in einer Schicht
erfolgen, sind außerdem die entsprechenden Kopplungsmuster eindimensional (Abb. 4.9), d. h., in der „Nenner-
summe" des ersten Ausdrucks und in der zweiten Summe
ist $j=0$. Aus (29) erhält man damit

$$h(\eta_u, \eta_v, \zeta) = \frac{c\zeta \sum_i b_{i0}\eta_u^{-i}}{1 - \zeta \sum_i a_{i0}\eta_u^{-i} + \zeta\eta_v \sum_i a_{i1}\eta_u^{-i}} + \sum_i d_{i0}\eta_u^{-i}$$

$$= \frac{\dfrac{c\zeta \sum_i b_{i0}\eta_u^{-i}}{1 - \zeta \sum_i a_{i0}\eta_u^{-i}}}{1 - \eta_v \dfrac{\zeta \sum_i a_{i1}\eta_u^{-i}}{1 - \zeta \sum_i a_{i0}\eta_u^{-i}}} + \sum_i d_{i0}\eta_u^{-i}$$

$$= \frac{P_1(\eta_u, \zeta)}{1 - \eta_v P_2(\eta_u, \zeta)} + \sum_i d_{i0}\eta_u^{-i}.$$

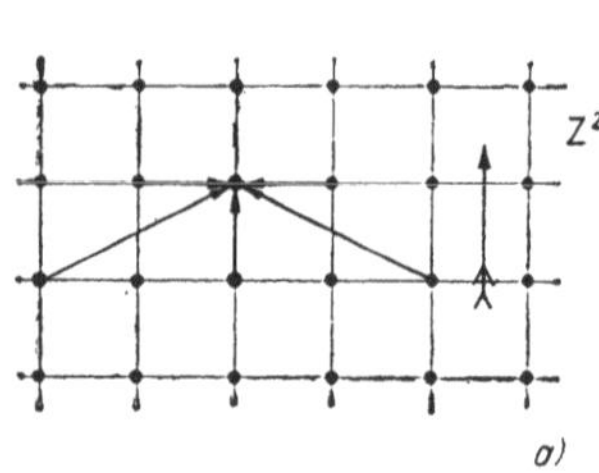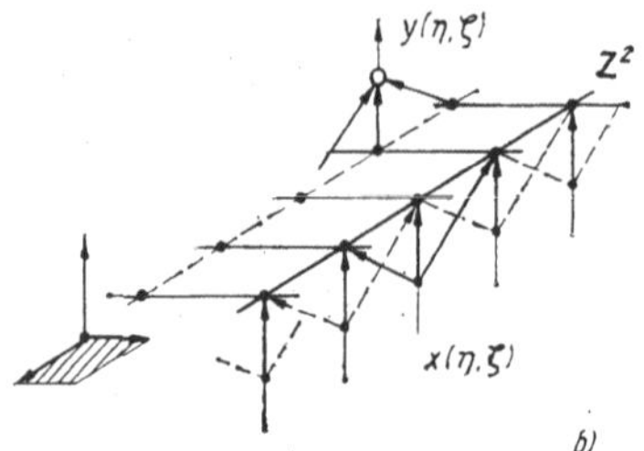

Abb. 4.9. Kopplungsmuster homogener Schichten
    a) Kopplungsmuster der Zustände
    b) Kopplungsmuster der Ein- und Ausgabe

Daraus folgt nach Anwendung des Operators $T'^{-1}_{\eta_v}$

$$h(\eta_u, v_0, \zeta) = P_1(\eta_u, \zeta)\,[P_2(\eta_u, \zeta)]^{v_0} + \sum_i d_{i0}\eta_u^{-i}\delta(v_0)$$

$$= \frac{c\zeta \sum_i b_{i0}\eta_u^{-i}}{1 - \zeta \sum_i a_{i0}\eta_u^{-i}}\left[\frac{\zeta \sum_i a_{i1}\eta_u^{-i}}{1 - \zeta \sum_i a_{i0}\eta_u^{-i}}\right]^{v_0} + \sum_i d_{i0}\eta_u^{-i}\delta(v_0)$$

$$= \frac{c\zeta P_b^1(\eta_u)}{1 - \zeta P_a(\eta_u)}\left[\frac{\zeta P_b^2(\eta_u)}{1 - \zeta P_a(\eta_u)}\right]^{v_0} + \sum_i d_{i0}\eta_u^{-i}\delta(v_0)\,.$$

Wird das Eingabe-Kopplungsmuster „passend" zum Zustands-Kopplungsmuster gewählt $(P_b^1(\eta_u) = P_b^2(\eta_u))$, so ist sogar für $v_0 \neq 0$

$$h(\eta_u, \eta_v, \zeta) = c\left[\frac{\zeta P_b(\eta_u)}{1 - \zeta P_a(\eta_u)}\right]^{v_0+1} \quad (P_b^1 = P_b^2 = P_b)\,.$$

Damit ist gezeigt, daß die homogenen Schichten einen Spezialfall der zellularen Systeme bilden, wenn man noch beachtet, daß sich die vorstehenden Überlegungen auf Systeme mit höherer Raumdimension übertragen lassen.

4.3. *Modellierung kausaler Prozesse*

a) Differenzensysteme. Die Zustandsgleichungen linearer homogener Systeme stehen in einem wichtigen Zusammenhang mit einer bestimmten Klasse von Differenzengleichungen.

Wir betrachten zunächst den Fall $R = \mathbf{Z}$. Sind alle Konfigurationsräume im einfachsten Fall wieder eindimensional, so gilt analog (4.2–19)

$$z(u, t+1) = \sum_{i \in I_1} a_i z(u+i, t) + \sum_{i \in I_2} b_i x(u+i, t) . \quad (1)$$

Wir nehmen an, daß die k-ten Differenzen $\Delta^k a_i z(u + {}+i, t)$ konstant sind und setzen nach den Regeln der Differenzenrechnung

$$\sum_{i=0}^{m} a_i z(u+i, t) = \sum_{i=0}^{m} a_i z_i$$

$$= \binom{m}{1} a_0 z_0 + \binom{m}{2} \Delta(a_0 z_0) \quad (2\,\mathrm{a})$$

$$+ \binom{m}{3} \Delta^2(a_0 z_0) + \cdots + \binom{m}{k+1} \Delta^k(a_0 z_0)$$

und ebenso

$$\sum_{i=0}^{-n} a_i z_i = \sum_{i=0}^{n} a_{-i} z_{-i}$$

$$= \binom{n}{1} a_{-0} z_{-0} + \cdots + \binom{n}{k+1} \Delta^k(a_{-0} z_{-0})$$

mit

$$\Delta a_k z_k = a_{k+1} z_{k+1} - a_k z_k \quad (a_0 = 0) \quad (2\,\mathrm{b})$$
$$(k = -n, \ldots, 0, \ldots, m) .$$

Also gilt

$$\sum_{i \in I_1} a_i z_0 = \sum_{i=-n}^{+m} a_i z_0$$

$$= \binom{n}{k+1} \Delta^k (a_{-0} z_{-0}) + \cdots + \binom{m}{k+1} \Delta^k(a_0 z_0) - a_0 z_0 . \quad (3)$$

Eine entsprechende Differenzendarstellung gilt für die zweite Summe in (1), und es folgt damit z. B. für die Kopplungsmuster $\mu_1(0) = \lambda_1(0) = \{-2, -1, 0, 1, 2\}$ und

$$\Delta^k z = \text{konst. für } k = 2$$

$$
\begin{aligned}
z\,(u,\,t+1) = {}& \Delta^2\,(a_{-0}z_{-0}) + 3\Delta\,(a_{-0}z_{-0}) + 3a_0 z_0 \\
& + \Delta^2(a_0 z_0) + 3\Delta(a_0 z_0) + 3a_0 z_0 - a_0 z_0 \qquad (4) \\
& + \sum_i b_i x\,(u+i,\,t) \quad \text{(analog)} \\
= {}& [(a_{-2}z_{-2} - a_{-1}z_{-1}) - (a_{-1}z_{-1} - a_0 z_0)] \\
& + [(a_2 z_2 - a_1 z_1) - (a_1 z_1 - a_0 z_0)] \\
& + 3\,[(a_{-1}z_{-1} - a_0 z_0) + (a_1 z_1 - a_0 z_0)] \\
& + 5a_0 z_0 + \sum_i \cdots .
\end{aligned}
$$

Eine wesentliche Vereinfachung ergibt sich für isotrope Systeme, für die (2a) gegenüber einer Permutation der Zustandsvariablen invariant sein muß (Abschnitt 3.1, c). Dazu ist die Identität aller Kopplungskoeffizienten a_{-2}, a_{-1}, a_1, a_2 notwendig.

Wir setzen

$$
\begin{aligned}
a_i &= a \quad (i \neq 0)\,, \qquad\qquad\qquad (5) \\
b_i &= b \quad (i \neq 0)\,,
\end{aligned}
$$

fordern aber noch, daß die Differenzenbildung richtungsunabhängig ist:

$$
\begin{aligned}
\Delta^\nu z_0 &= -\Delta^\nu z_{-0}\,, \qquad\qquad\qquad (6) \\
\Delta^\nu x_0 &= -\Delta^\nu x_{-0}\,.
\end{aligned}
$$

Dann gilt z. B. statt (4)

$$
\begin{aligned}
\Delta_t z(u,\,t) = {}& 2a\Delta_u^2 z(u,\,t) + 6a\Delta_u z(u,\,t) \\
& + (5a_0 - 1)\,z(u,\,t) + 2b\Delta_u x(u,\,t) \\
& + 3b_0 x(u,\,t)\,, \qquad\qquad\qquad (7\,\text{a})
\end{aligned}
$$

wenn Δ_u die Differenzenbildung nach u und

$$\Delta_t : \Delta_t z(u,\,t) = z\,(u,\,t+1) - z(u,\,t) \qquad (7\,\text{b})$$

die Differenzenbildung nach t bezeichnet.

Bei der Aufstellung von (7) haben wir die Differenzen Δ^k in der üblichen Weise als „gerichtete" Differenzen gebildet.

Natürlicher ist es, die Differenzen nach folgendem Schema zu bilden:

$$\Delta a_\nu = a_{\nu+1} - a_\nu\,,$$
$$\Delta^2 a_\nu = (a_{\nu+1} - a_\nu) - (a_\nu - a_{\nu-1}) = \Delta a_\nu - \Delta a_{\nu-1}\,,$$
$$\Delta^3 a_\nu = \Delta^2 a_{\nu+1} - \Delta^2 a_\nu\,,$$
$$\Delta^4 a_\nu = \Delta^3 a_\nu - \Delta^3 a_{\nu-1}\,. \tag{8a}$$

Übersichtlicher läßt sich dieses Differenzenbildungsverfahren so darstellen:

$$
\begin{aligned}
&a_3\\
&a_2\ \Delta a_2\\
&a_1\ \Delta a_1\ \Delta^2 a_2\\
&a_0\ \Delta a_0\ \Delta^2 a_1\ \Delta^3 a_1\\
&a_{-1}\Delta a_{-1}\Delta^2 a_0\ \Delta^3 a_0\ \Delta^4 a_1\\
&a_{-2}\Delta a_{-2}\Delta^2 a_{-1}\Delta^3 a_{-1}\Delta^4 a_0\ \Delta^5 a_0\\
&a_{-3}\Delta a_{-3}\Delta^2 a_{-2}\Delta^3 a_{-2}\Delta^4 a_{-1}\Delta^5 a_{-1}\Delta^6 a_0
\end{aligned}
\tag{8b}
$$

Für das einfachste symmetrische Kopplungsmuster $\{-1,\,0,\,+1\}$ gilt dann z. B.:

$$z\,(u, t+1) = az\,(u-1, t) + az(u, t) + az\,(u+1, t) + \sum_i b_i x_i\,,$$

$$z\,(u, t+1) - z(u, t) = az\,(u-1, t) + (a-1)\,z(u, t)$$
$$+\,a\,(z+1, t) + \sum_i b_i x_i\,,$$

$$\Delta_t z(u, t) = a\Delta_u^2 z(u, t) + (3a-1)\,z(u, t) + \sum_i b_i x_i\,. \tag{9}$$

Wir kommen nun zur Übertragung der Differenzenbildung auf ebene zellulare Strukturen.

Anstelle von (1) gilt nun (vgl. 4.2–18)

$$z\,(u, v, t+1) = \sum_{(i,j)\in I_1} a_{ij} z\,(u+i, v+j, t)$$
$$+ \sum_{(i,j)\in I_2} b_{ij} x\,(u+i, v+j, t)\,,$$

und speziell für das Kopplungsmuster

$$(i, j) \in \begin{pmatrix} - & 0,1 & - \\ -1,0 & 0,0 & 1,0 \\ - & 0,-1 & - \end{pmatrix} \qquad (10)$$

gilt dann bei verschwindender Eingabe und identischen Koeffizienten $a_{ij} = a$

$$z(u, v, t+1) = \begin{aligned} & az_{0,1} + \\ & a(z_{-1,0} + z_{0,0} + z_{1,0}) \\ & + az_{0,-1}, \end{aligned} \qquad (11\,\text{a})$$

wenn zur Abkürzung

$$z(u+i, v+j, t) = z_{i,j} \qquad (11\,\text{b})$$

gesetzt wird.

Nach Vorstehendem, insbesondere (9a), folgt dann

$$\begin{aligned} \Delta_t z(u, v, t) &= a\Delta_u^2 z(u, v, t) + (3a-1)\, z(u, v, t) \\ & + az(u, v+1, t) + az(u, v-1, t) \qquad (11\,\text{c}) \\ &= \Delta_u^2 z(u, v, t) + a\Delta_v^2 z(u, v, t) + (5a-1)\, z(u, v, t)\,. \end{aligned}$$

Schließlich sei noch die Differenzengleichung für das Kopplungsmuster

$$(i, j) \in \begin{pmatrix} -1,1 & 0,1 & 1,1 \\ -1,0 & 0,0 & 1,0 \\ -1,-1 & 0,-1 & 1,-1 \end{pmatrix}$$

angegeben:

$$\begin{aligned} \Delta_t z(u, v, t) &= a\Delta_v^2\Delta_u^2 z(u, v, t) + 3a\Delta_u^2 z(u, v, t) \\ & + 3a\Delta_v^2 z(u, v, t) \\ & + (9a^2-1)\, z(u, v, t)\,. \qquad (11\,\text{d}) \end{aligned}$$

Den zellularen Strukturen sind nach den obigen Überlegungen gewisse Differenzengleichungen zugeordnet.

Wichtig ist nun vor allem die Umkehrung:

Satz 2: *Die Lösungen von Vektor-Differenzengleichungen des Typs*

$$\Delta_t \mathbf{z}(u, v, w, t) = \sum_{(m,n,p)} a_{m,n,p}\Delta_u^{km}\Delta_v^{kn}\Delta_w^{kp}\mathbf{z}(u, v, w, t) \qquad (12)$$

lassen sich als freie Propagationen in einem zellularen System darstellen.

Beweis: Die Behauptung ist nach den einführenden Überlegungen dieses Abschnitts zumindest plausibel. Ein Beweis ergibt sich ganz einfach mit Hilfe der ζ-Transformation. Wir führen ihn nur für den skalaren Fall.

Offenbar ist mit Berücksichtigung von (8)

$$
\begin{aligned}
T_\eta \Delta_u z(u, t) &= T_\eta \left(z\left(u+1, t\right) - z(u, t) \right) \\
&= \eta^{-1} T_\eta z(u, t) - T_\eta z(u, t) = (\eta^{-1} - 1)\, z(u, t) \ , \\
T_\eta \Delta_u^2 z(u, t) &= T_\eta' \left\{ \left[z\left(u+1, t\right) - z(u, t) \right] \right. \\
&\qquad \left. - \left[z(u, t) - z\left(u-1, t\right) \right] \right\} \\
&= \left[(\eta^{-1} - 1) - (1 - \eta) \right] T_\eta z(u, t) \\
&= \eta\, (\eta^{-1} - 1)^2\, T_\eta z(u, t) \ ,
\end{aligned}
$$

woraus die **allgemeine Regel**

$$
T_\eta \Delta_u^k z(u, t) = \eta^{[k]/2} \, (\eta^{-1} - 1)^k, \quad [k] = \begin{cases} k & (k \text{ gerade}), \\ k-1 & (k \text{ ungerade}) \end{cases}
\tag{13}
$$

bereits erkennbar ist.

Aus (12) folgt damit

$$
\begin{aligned}
\Delta_t z(\eta_u, \eta_v, \eta_w, t) \\
= \sum_{(m,n,p)} a_{m,n,p} \eta_u^{[k_m]/2} (\eta_u^{-1} - 1)^{k_m} \eta_v^{[k_n]/2} (\eta_v^{-1} - 1)^{k_n} \\
\times \eta_w^{[k_p]/2} (\eta_w^{-1} - 1)^{k_p} z(\eta_u, \eta_v, \eta_w, t) \\
= P(\eta_u, \eta_v, \eta_w)\, z(\eta_u, \eta_v, \eta_w, t) \ ,
\end{aligned}
\tag{14a}
$$

worin P ein Polynom in η_u, η_v und η_w ist:

$$
\begin{aligned}
P &= P(\eta_u, \eta_v, \eta_w) \\
&= \sum_i \sum_j \sum_k b_{i,j,k} \eta_u^{-i} \eta_v^{-j} \eta_w^{-k} \ .
\end{aligned}
\tag{14b}
$$

Das (dreidimensionale) Kopplungsmuster des zugehörigen Systems ergibt sich durch Reihenentwicklung (Binomialreihe) der Faktoren $(\eta^{-1} - 1)^k$.

Die Übertragung dieses Beweises auf Vektor-Differenzengleichungen macht keine besonderen Schwierigkeiten.

Als Beispiel betrachten wir in der Ebene

$$\Delta_t z(u, v, t) = a_2 \Delta_u^2 z(u, v, t) + a_1 \Delta_v^2 z(u, v, t) \\ + a_0 z(u, v, t) \,. \tag{15}$$

Die ζ-Transformation überführt diesen Ausdruck in

$$\Delta_t z(\eta_u, \eta_v, t) = a_2 \eta_u \, (\eta_u^{-1} - 1)^2 \, z(\eta_u, \eta_v, t) \\ + a_1 \eta_v \, (\eta_v^{-1} - 1)^2 \, z(\eta_u, \eta_v, t) + a_0 z(\eta_u, \eta_v, t) \\ = [a_2 \, (\eta_u^{-1} + 1 + \eta_u) + a_1 \, (\eta_v^{-1} + \eta_v) \\ + (a_0 - 2a_1 - 3a_2)] \, z(\eta_u, \eta_v, t)$$

oder in Übereinstimmung mit (11) in

$$z(\eta_u, \eta_v, t + 1) = [a_2 \, (\eta_u^{-1} + 1 + \eta_u) + a_1 \, (\eta_v^{-1} + \eta_v) \\ + (a_0 - 2a_1 - 3a_2 + 1)] \, z(\eta_u, \eta_v, t) \,,$$

wenn noch $a_0 = 5a - 1$, $a_1 = a_2 = a$ berücksichtigt wird.

b) Prozeßmodelle. Jeder n-ten Ableitung $f^{(n)}$ einer Funktion f kann eine n-te Differenz zugeordnet werden, z. B.

$$f'(x) = \lim_{\Delta x \to 0} \frac{f \, (x + \Delta x) - f(x)}{\Delta x} \to f \, (x + \Delta x) - f(x) = \Delta f(x) \,,$$

$$f''(x) = \lim_{\Delta x \to 0} \frac{f' \, (x + \Delta x) - f'(x)}{\Delta x}$$

$$= \frac{f \, (x + 2\Delta x) - f \, (x - \Delta x)}{\Delta x \Delta x} - \frac{f \, (x + \Delta x) - f(x)}{\Delta x \Delta x}$$

$$= \frac{f \, (x + 2\Delta x) - 2f \, (x + \Delta x) + f(x)}{(\Delta x)^2} \to \Delta^2 f(x) \,. \tag{16}$$

Näherungsweise gilt dann z. B. für den LAPLACE-*Operator*

$$\frac{\partial^2 f}{\partial x^2} + \frac{\partial^2 f}{\partial y^2} + \frac{\partial^2 f}{\partial z^2} \sim \Delta_x^2 f + \Delta_y^2 f + \Delta_z^2 f \,. \tag{17}$$

Nach Satz 2 lassen sich alle physikalischen Prozesse, die in dem eben dargelegten Sinne näherungsweise durch partielle Differenzengleichungen des genannten Typs beschrieben werden, in linearen zellularen Systemen modellieren.

Wir betrachten hierzu zwei Beispiele.

Beispiel 1 (Telegraphengleichung): Die elektrischen Vorgänge auf langen Leitungen werden durch die Strom-Spannungsgleichungen

$$-L\,\frac{\partial i}{\partial t} = iR + \frac{\partial u}{\partial x}\,,$$

$$-C\,\frac{\partial u}{\partial t} = uG + \frac{\partial i}{\partial x} \tag{18a}$$

mit den Leitungskonstanten L, R, C und G beschrieben. Die zugehörigen Differenzengleichungen lauten

$$-L\Delta_t i = iR + \Delta_x u \quad (i = i(x, t))\,,$$
$$-C\Delta_t u = uG + \Delta_x i \quad (u = u(x, t)) \tag{18b}$$

oder in Vektorschreibweise

$$\Delta_t \mathbf{z} = \mathbf{A}_0 \mathbf{z} + \mathbf{A}_1 \Delta_x \mathbf{z}$$

$$\mathbf{A}_0 = \begin{pmatrix} -\dfrac{R}{L} & 0 \\ 0 & -\dfrac{G}{C} \end{pmatrix}, \quad \mathbf{A}_1 = \begin{pmatrix} 0 & -\dfrac{1}{L} \\ \dfrac{1}{C} & 0 \end{pmatrix}$$

$$\mathbf{z} = \begin{pmatrix} i(x, t) \\ u(x, t) \end{pmatrix}.$$

Die ζ-Transformation liefert

$$-L\Delta_t i(\eta, t) = i(\eta, t)\, R + (\eta^{-1} - 1)\, u(\eta, t)\,,$$
$$-C\Delta_t u(\eta, t) = u(\eta, t)\, G + (\eta^{-1} - 1)\, i(\eta, t)\,,$$

woraus

$$i(\eta, t+1) = \left(1 - \frac{R}{L}\right) i(\eta, t) + \left(\frac{1 - \eta^{-1}}{L}\right) u(\eta, t)\,,$$

$$u(\eta, t+1) = \left(1 - \frac{G}{C}\right) u(\eta, t) + \left(\frac{1 - \eta^{-1}}{C}\right) i(\eta, t)$$

oder

$$z\,(\eta, t+1) = \mathbf{A}z(\eta, t), \quad \mathbf{A} = \begin{pmatrix} 1 - \dfrac{R}{L} & \dfrac{1-\eta^{-1}}{L} \\ \dfrac{1-\eta^{-1}}{C} & 1 - \dfrac{G}{C} \end{pmatrix}$$

folgt. Abb. 4.10 zeigt das zugehörige physikalische Modell (digitales Modell der elektrischen Fernleitung).

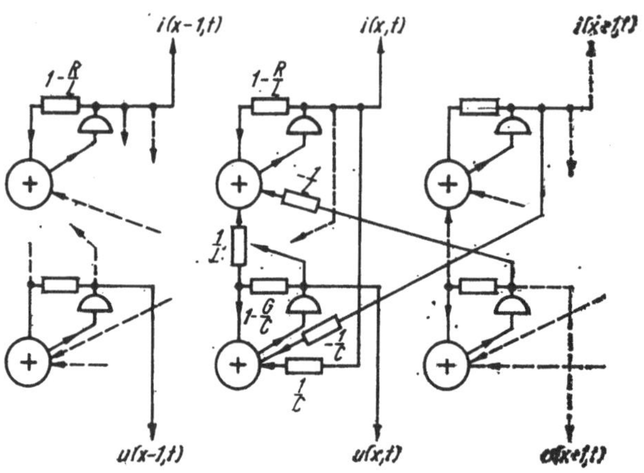

Abb. 4.10. Zellulares Modell der elektrischen Fernleitung

Beispiel 2: Das quasistationäre elektrische Feld $\vec{E}$ genügt der partiellen Differentialgleichung

$$\vec{\Delta}\vec{E} - \varkappa\mu\,\frac{\partial\vec{E}}{\partial t} = 0\,.$$

Das zugehörige Differenzengleichungssystem hat deshalb die Form

$$\varkappa\mu\Delta_t E_x = \Delta_x^2 E_x + \Delta_y^2 E_x + \Delta_z^2 E_x\,,$$
$$\varkappa\mu\Delta_t E_y = \Delta_x^2 E_y + \Delta_y^2 E_y + \Delta_z^2 E_y\,,$$
$$\varkappa\mu\Delta_t E_z = \Delta_x^2 E_z + \Delta_y^2 E_z + \Delta_z^2 E_z\,,$$
$$E_{x,y,z} = E_{x,y,z}(x, y, z, t)\,. \tag{19a}$$

Daraus folgt durch ζ-Transformation

$$E_x^* (t+1) = [\eta_u (\eta_u^{-1} - 1)^2 + \varkappa\mu] E_x^*(t)$$
$$+ \eta_v (\eta_v^{-1} - 1)^2 E_y^*(t) + \eta_w (\eta_w^{-1} - 1)^2 E_z^*(t)$$
$$E_y^* (t+1) = \cdots,$$
$$E_z^* (t+1) = \cdots \eta_v (\eta_v^{-1} - 1)^2 E_y^*(t)$$
$$+ (\eta_w (\eta_w^{-1} - 1)^2 + \varkappa\mu) E_z^*(t)$$

oder übersichtlicher

$$\mathbf{E}^* (t+1) = \mathbf{A} E^*(t), \quad \mathbf{A} = \varkappa\mu \mathbf{E}_1 + \mathbf{Z}\mathbf{E} . \tag{19b}$$

$\mathbf{E}_1$ ist die Einheitsmatrix und

$$\mathbf{Z} = \begin{pmatrix} \eta_u (\eta_u^{-1} - 1)^2 & \eta_v (\eta_v^{-1} - 1)^2 & \eta_w (\eta_w^{-1} - 1)^2 \\ \eta_u (\eta_u^{-1} - 1)^2 & \cdots & \cdots \\ \eta_u (\eta_u^{-1} - 1)^2 & \cdots & \eta_w (\eta_w^{-1} - 1)^2 \end{pmatrix} . \tag{19c}$$

Die Übersetzung dieses Ergebnisses in eine technische Schaltung stellt nach dem bisher Dargelegten kein neues Problem dar und soll deshalb nicht mehr im einzelnen ausgeführt werden.

Abschließend sei noch bemerkt, daß die vorstehenden Überlegungen zur Modellierung physikalischer Prozesse in zellularen Systemen nicht etwa auf Differentialgleichungen beschränken, in denen nur die erste Ableitung nach der Zeit auftritt. Differentialgleichungen mit höheren zeitlichen Ableitungen können in ein System von Gleichungen aufgelöst werden, in denen nur die erste zeitliche Ableitung auftritt. Dabei ist es auch nicht erforderlich, daß es sich um homogene Gleichungen handelt, vielmehr gilt in Erweiterung von Satz 2 der

Satz 3: *Die jeder linearen partiellen Differentialgleichung*

$$\sum_{i_1,\ldots,i_n} a_{i_1,\ldots,i_n} \frac{\partial^i y(u_1,\ldots,u_n)}{\partial u_1^{i_1},\ldots,\partial u_n^{i_n}}$$
$$= \sum_{j_1,\ldots,j_n} b_{j_1,\ldots,j_n} \frac{\partial^j x (u_1,\ldots,u_n)}{\partial u_1^{j_1},\ldots,\partial u_n^{j_n}} \tag{20}$$

zugeordnete Differenzengleichung ist den Zustandsglei-
chungen eines linearen zellularen Systems äquivalent und
damit in einem zellularen System modellierbar.

Beweis: Zu (20) gehört die Differenzengleichung

$$\sum_{i_1,\ldots,i_n} a_{i_1,\ldots,i_n} \Delta_{u_1}^{i_1} \cdots \Delta_{u_n}^{i_n} y(u_1,\ldots,u_n)$$

$$= \sum_{j_1,\ldots,j_n} b_{j_1,\ldots,j_n} \Delta^{j_1} \cdots \Delta^{j_n} x(u_1,\ldots,u_n),$$

die mit (13) durch ζ-Transformation bezüglich der ersten
$n-1$ Variablen in

$$\sum_{i_1,\ldots,i_n} a_{i_1,\ldots,i_n} P^{i_1}(\eta_1) \cdots P^{i_n-1}(\eta_{n-1}) \Delta_t^{i_n} y^*(t)$$

$$= \sum_{j_1,\ldots,j_n} b_{j_1,\ldots,j_n} P^{j_1}(\eta_1) \cdots P^{j_n-1}(\eta_{n-1}) \Delta_t^{j_n} x^*(t)$$

$$(u_n = t)$$

übergeht oder übersichtlicher in

$$\sum_{i_n=0}^{n} a_n \Delta_t^{i_n} y^*(t) = \sum_{j_n=0}^{n} b_n \Delta_t^{j_n} x^*(t) \qquad (21\,\text{a})$$

mit

$$a_n = \sum_{i_1,\ldots,i_{n-1}} a_{i_1,\ldots,i_n} P^{i_1}(\eta_1) \cdots P^{i_n-1}(\eta_{n-1}),$$

$$b_n = \sum_{j_1,\ldots,j_{n-1}} b_{j_1,\ldots,j_{n-1}} P^{j_1}(\eta_1) \cdots P^{j_n-1}(\eta_{n-1}). \qquad (21\,\text{b})$$

Das System (21a) läßt sich durch Einführung neuer
(Zustands-)Variabler z_i^* auf die Form der Zustandsgleichungen transformieren.

Wir setzen:

$$y^* = z_1^* + \beta_0 x^*$$
$$\Delta_t z_1^* = z_2^* + \beta_1 x^*$$
$$\Delta_t z_2^* = z_3^* + \beta_2 x^*$$

$$\cdots\cdots\cdots\cdots\cdots\cdots\cdots$$

$$\Delta_t z_{n-1}^* = z_n^* + \beta_{n-1} x^*$$
$$\Delta_t z_n^* = -(\alpha_0 z_1^* + \alpha_1 z_2^* + \cdots + \alpha_{n-1} z_n^*) + \beta_n x^*. \qquad (22\,\text{a})$$

Durch Differenzenbildung der ersten Gleichung in (22) findet man

$$\Delta_t^{\nu-1}y^* = z_\nu^* + \beta_{\nu-1}x^* + \beta_{\nu-2}\Delta_t x^* + \beta_{\nu-3}\Delta_t^2 x^*$$
$$+\cdots+\beta_0\Delta^{\nu-1}x^* \quad (\nu=1,2,\ldots,n), \qquad (22\,\mathrm{b})$$
$$\Delta_t^n y^* = -(\alpha_0 z_1 + \alpha_1 z_2 + \cdots + \alpha_{n-1}z_n) + \beta_n x^* + \beta_{n-1}\Delta x^*$$
$$+\cdots+\beta_0\Delta^n x^* .$$

Die Gleichungen (21 a) und (22 a) sind hiernach identisch, wenn gesetzt wird:

$$\alpha_i = a_i , \qquad (23\,\mathrm{a})$$

$$\begin{pmatrix} \beta_0 \\ \beta_1 \\ \vdots \\ \beta_n \end{pmatrix} = \begin{pmatrix} a_0 & a_1 & \cdots\cdots & a_n \\ & a_1 & a_2 \cdots & a_n \\ & & \cdots\cdots \\ & & & a_n \end{pmatrix}^{-1} \begin{pmatrix} b_0 \\ b_1 \\ \vdots \\ b_n \end{pmatrix} . \qquad (23\,\mathrm{b})$$

Setzen wir für (22 a) schließlich noch

$$z_1^* (t+1) = -z_1^*(t) + z_2^*(t) \qquad +\cdots+\beta_1 x^*(t) ,$$
$$z_2^* (t+1) = \qquad -z_2^*(t) + z_3^*(t) + \cdots +\beta_2 x^*(t) ,$$
$$\cdots\cdots\cdots\cdots\cdots\cdots\cdots\cdots\cdots\cdots\cdots\cdots\cdots$$
$$z_n^* (t+1) = -\alpha_0 z_1^*(t) - \cdots - (\alpha_{n-1}+1)\, z_n^*(t) + \beta_n x^*(t) ,$$
$$y^*(t) = z_1^*(t) + \beta_0 x^*(t) ,$$

so gilt in Matrizenform gesetzt

$$\mathbf{z}^* (t+1) = \mathbf{A}\mathbf{z}^*(t) + \mathbf{B}\mathbf{x}^*(t) ,$$
$$\mathbf{y}^*(t) = \mathbf{C}\mathbf{z}^*(t) + \mathbf{D}\mathbf{x}^*(t)$$

mit

$$\mathbf{A} = \begin{pmatrix} -1 & +1 & 0 & 0 & \cdots & & 0 \\ 0 & -1 & +1 & 0 & \cdots & & 0 \\ & & \cdots\cdots\cdots\cdots \\ -\alpha_0 & \cdots & & & & \alpha_{n-1}+1 \end{pmatrix}$$

$$\mathbf{B} = \begin{pmatrix} \beta_1 \\ \beta_2 \\ \vdots \\ \beta_n \end{pmatrix} , \quad \mathbf{C} = (1, 0, 0, \ldots, 0), \quad \mathbf{D} = (\beta_0) ,$$

was zu beweisen war.

Beim Übergang vom diskreten zellularen Raum $\mathbf{Z}^3$ zum Kontinuum $\mathbf{R}^3$ können die hier eingeführten Strukturcharakteristiken λ, μ usw. auf natürliche Weise so (zu „Kopplungsintensitäten") modifiziert werden, daß ein direkter Zusammenhang zwischen dem Charakter eines (physikalischen) Prozesses und der Struktur eines (kontinuierlichen) zellularen Raumes hergestellt wird [7]. Es ist offensichtlich, daß damit über die Theorie zellularer Systeme eine rein systemtheoretische (kybernetische) Betrachtung beliebiger in Raum und Zeit verlaufender Prozesse möglich ist. Dem Hauptziel, Prozesse verschiedenartigster Natur und Komplexität einheitlich zu beschreiben, kommt die Systemtheorie mit einer vollständigen Ausarbeitung der kybernetischen Theorie zellularer (räumlicher) Systeme um einen wesentlichen Schritt näher.

Anhang

A. Mengen:

Eine *Menge M* entsteht durch Zusammenfassung von Dingen x, für die eine Aussage (Prädikat) $P(x)$ über diese x wahr ist, in Zeichen

$$M = \{x \mid P(x)\} \, .$$

x ist ein *Element* von M ($x \in M$) genau dann, wenn $P(x)$ wahr ist:

$$x \in M \Leftrightarrow P(x) \, .$$

Das Zeichen $\Leftrightarrow$ bedeutet also logisch so viel wie „genau dann wenn"; ähnlich bedeuten:

$$P_1(x) \Rightarrow P_2(x): \text{ „wenn } P_1(x), \text{ so } P_2(x)\text{"},$$
$$P_1(x) \wedge P_2(x): P_1(x) \quad \text{und} \quad P_2(x),$$
$$P_1(x) \vee P_2(x): P_1(x) \quad \text{oder} \quad P_2(x).$$

Es bezeichnet z. B. $\mathbf{N}$ die Menge der natürlichen, $\mathbf{Z}$ die Menge der ganzen Zahlen.

Ist M eine *Teilmenge* von N, so schreibt man $M \subset N$. Ferner sind

$$M \cup N = \{x \mid x \in M \vee x \in N\} \quad \text{und}$$
$$M \cap N = \{x \mid x \in M \wedge x \in N\}$$

die *Vereinigung* und der *Durchschnitt* von M und N. Haben M und N keine gemeinsamen Elemente — sind M und N *disjunkt* —, so schreibt man

$$M \cap N = \emptyset$$

und nennt $\emptyset$ *leere Menge*.

Die *Operationen* $\cup$ und $\cap$ können auf beliebig viele Mengen ausgedehnt werden, z. B.

$$\bigcup_{i=1}^{n} M_i = M_1 \cup M_2 \cdots \cup M_n$$
$$= \{x \mid \exists i \in \{1, 2, \ldots, n\} \wedge x \in M_i\}.$$

Durch Zusammenfassung von Mengen M erhält man *Mengensysteme* $\mathbf{M}$; insbesondere bezeichnet

$$\mathbf{M}_1 = \mathfrak{P}(M) = \{X \mid X \subset M\}$$

die *Menge aller Teilmengen* von M (*Potenzmenge*) und

$$\mathbf{M}_2 = \pi(M) = M/\pi$$

eine *Zerlegung* (*Partition*) von M in nichtleere und disjunkte Teilmengen (*Klassen*), deren Vereinigung M ergibt. Die Klasse von M/π, in der $x \in M$ liegt, wird mit $[x]$ bezeichnet. x heißt *Repräsentant* der Klasse $[x]$.

Faßt man n Dinge $x_1, x_2, \ldots, x_n$ in einer bestimmten Reihenfolge zusammen, so erhält man ein *geordnetes* n-*Tupel* $(x_1, x_2, \ldots, x_n)$. Unter dem *kartesischen Produkt* der Mengen $M_1, M_2, \ldots, M_n$ versteht man dann die Menge

$$M_1 \times M_2 \times \cdots \times M_n$$
$$= \{(x_1, \ldots, x_n) \mid x_i \in M_i, \quad i = 1, 2, \ldots, n\}.$$

Ist $M_1 = M_2 = \cdots = M_n$, so schreibt man auch M^n (*Mengenpotenz*).

B. Relationen:

Steht $x \in M$ in einer bestimmten Beziehung (*Relation*) σ zu $y \in N$ (z. B. $\sigma \Leftrightarrow$ „x ist kleiner als y"), so schreiben wir

$$x\sigma y\,.$$

Die Menge aller *geordneten Paare* $(x, y) \in M \times N$, für die die durch $x\sigma y$ gegebene Aussage $P(x, y)$ wahr ist, wird ebenfalls mit σ bezeichnet:

$$\sigma = \{(x, y) \mid x\sigma y\} \subset M \times N.$$

σ heißt genauer *zweistellige Relation* und kann als Teilmenge von $M \times N$ definiert werden. Unter einer *n-stelligen Relation* versteht man analog eine Teilmenge von $M_1 \times \cdots \times M_n$.

Man definiert für zweistellige Relationen:

1. *Vorbereich* (*Definitionsbereich*) $V(\sigma)$: Menge aller $x \in M$, die mit einem $y \in N$ in der Relation σ stehen.

2. *Nachbereich* (*Wertebereich*) $N(\sigma)$: Menge aller $y \in N$, die mit einem $x \in M$ in der Relation σ stehen.

3. σ ist *rechtseindeutig*: $x \in M$ kann nicht mit mehreren $y \in N$ in der Relation σ stehen.

4. σ ist *linkseindeutig*: $y \in N$ kann nicht mit mehreren $x \in M$ in der Relation σ stehen.

5. Eine rechtseindeutige Relation mit $V(\sigma) = M$ heißt *Abbildung* (*Funktion, Operator*).

6. Eine Relation $\sigma \subset M^2$ (Relation *auf M*) heißt:
reflexiv $\Leftrightarrow x\sigma x$ für alle $x \in M$,
symmetrisch $\Leftrightarrow x_1\sigma x_2 \Rightarrow x_2\sigma x_1$,
transitiv $\Leftrightarrow x_1\sigma x_2 \wedge x_2\sigma x_3 \Rightarrow x_1\sigma x_3$,
identitiv $\Leftrightarrow x_1\sigma x_2 \wedge x_2\sigma x_1 \Rightarrow x_1 = x_2$.

7. $\sigma \subset M^2$ heißt *Äquivalenzrelation* $\Leftrightarrow \sigma$ ist reflexiv, symmetrisch und transitiv (Symbol π oder $\sim$). $\sigma \subset M^2$ heißt *Ordnungsrelation* $\Leftrightarrow \sigma$ ist reflexiv, transitiv und identitiv (Symbol $<$ oder $\leqq$).

Satz: *Jede Äquivalenzrelation π auf M erzeugt eine Klasseneinteilung M/π und umgekehrt* $(x_1\pi x_2 \Leftrightarrow [x_1] = = [x_2])$.

C. Abbildungen

Ist speziell $\sigma \subset M \times N$ eine Abbildung, so ist eine besondere Terminologie und Symbolik üblich. Man schreibt (mit dem Symbol φ anstelle von σ) bzw. sagt:

$$(\varphi: M \to N \quad (\text{bisher } \varphi \subset M \times N)$$

(Abbildungen *von M in N*)

$x \mapsto y$ oder $\varphi(x) = y$ (bisher $x\varphi y$ oder $(x, y) \in \varphi$)

φ ist *injektiv*, wenn φ linkseindeutig ist.

φ ist *surjektiv*, wenn $N(\varphi) = N$ ist.

(Abbildung *von M auf N*)

φ ist *bijektiv*, wenn φ injektiv und surjektiv ist.

Satz: *Jede Abbildung $\varphi\colon M \to N$ erzeugt eine Äquivalenzrelation π_φ auf M:*

$$x_1 \pi_\varphi x_2 \Leftrightarrow \varphi(x_1) = \varphi(x_2).$$

Weiter bezeichnet man $(\varphi\colon M \to N)$:

$\varphi^{-1}\colon N \to P(M)$: Zu φ gehörende *Urbildfunktion* φ^{-1}

$\varphi^{-1}(y) = \{x \mid \varphi(x) = y\}$: *Urbild* von $y \in N$.

Ist $M' \subset M$, so ist $\varphi \mid M'$ diejenige Abbildung, die für alle $x \in M'$ mit φ übereinstimmt (*Einschränkung $\varphi \mid M$ von φ auf M'*).

Zwei Abbildungen $\varphi_1\colon M \to N$ und $\varphi_2\colon N \to P$ ergeben eine neue Abbildung $\varphi_1\varphi_2$ oder $\varphi_1 \circ \varphi_2\colon M \to P$ (*Produkt von φ_1 und φ_2*), die durch

$$(\varphi_1 \circ \varphi_2)\,(x) = \varphi_2[\varphi_1(x)]$$

definiert ist. Es gilt der wichtige

Satz: *Jede Abbildung $\varphi\colon M \to N$ ist das Produkt der Abbildungen $\varkappa$ und ζ:*

$$\varphi = \varkappa \circ \zeta$$

mit

$\varkappa\colon M \to M/\pi_\varphi \quad mit \quad \varkappa(x) = [x]$ (*kanonische Abbildung*)

$$\zeta\colon M/\pi_\varphi \to N \quad mit \quad \zeta([x]) = y = \varphi(x).$$

$\varkappa$ ist surjektiv und ζ injektiv (ist φ surjektiv, so ist ζ bijektiv).

Die Menge aller Abbildungen $\varphi\colon M \to N$ wird mit $\mathfrak{F}(M, N)$ oder N^M bezeichnet.

Eine Abbildung $\varphi\colon \mathbf{N} \to M$ heißt *Folge*; man schreibt

$$\varphi = (y_i)_{i \in \mathbf{N}}.$$

Dabei heißt **N** *Indexmenge* der Folge. Insbesondere ist für *Mengenfolgen*

$$\varphi = (Y_i)_{i \in \mathbf{N}}$$

definiert die Folgenmenge

$$\times \varphi = \{(y_i)_{i \in \mathbf{N}} \mid y_i \in Y_i\}\,.$$

Speziell für $Y_i = Y$ für alle $i \in \mathbf{N}$ erhält man

$$\times \varphi : \text{Menge aller Folgen } \varphi : \mathbf{N} \to Y$$
$$= \text{Abb. } (\mathbf{N},\, Y) = \mathfrak{F}(\mathbf{N},\, Y) = Y^{\mathbf{N}}\,.$$

D. Operationen und Strukturen

Eine Abbildung

$$\varphi : A_1 \times A_2 \times \cdots \times A_n \to A : \varphi[(x_1, x_2, \ldots, x_n)] = y$$

heißt *n-stellige (algebraische) Operation*. Speziell für $n = 2$ schreibt man

$$\varphi[(x_1, x_2)] = x_1 \varphi x_2 = x_1 * x_2\,,$$

wobei natürlich für $*$ auch irgendeine andere geometrische Figur gewählt werden kann ($\circ$, $\diamondsuit$, $+$, $\cdot$ usw.).

Im wichtigsten Fall handelt es sich um *innere algebraische Operationen* ($A_i = A$ für alle i). Eine Menge A mit auf A definierten, n-stelligen algebraischen Operationen $\varphi_1, \varphi_2, \ldots, \varphi_m$ ($n = 0, 1, \ldots, k$) heißt *algebraische Struktur*, in Zeichen

$$\mathfrak{A} = (A, \varphi_1, \varphi_2, \ldots, \varphi_m)\,.$$

Einstellige Operationen sind Abbildungen $\varphi : A_1 \to A$, *nullstellige Operationen* sind *Auswahlfunktionen* (Auswahl eines Elementes x aus A).
Die Ähnlichkeitsbeziehungen zwischen Strukturen werden durch den Begriff des (Homo-)Morphismus beschrieben:

Sind (im einfachsten Fall) $(A, *)$ und (B, Δ) algebraische Strukturen (mit einer zweistelligen Operation $*$ bzw. Δ), so heißt $\psi\colon A \to B$ *(Homo-)Morphismus*, wenn gilt:

$$\psi\,(x_1 * x_2) = \psi(x_1)\,\Delta\psi(x_2)\;.$$

Speziell kann ψ surjektiv (*Epimorphismus*), injektiv (*Monomorphismus*) oder bijektiv (*Isomorphismus*) sein.

Existiert ein Isomorphismus für $(A, *)$ und (B, Δ), so spricht man von *isomorphen Strukturen*. Solche Strukturen werden algebraisch nicht unterschieden.

Eine Äquivalenzrelation π auf der Menge A mit der Operation $*$ heißt *Kongruenzrelation*, wenn gilt ($[x_1]$, $[x_2] \in A/\pi$)

$$x' \in [x_1] \wedge x'' \in [x_2] \Rightarrow (x' * x'') \in [x_1 * x_2]\;.$$

Ist π Kongruenzrelation, so kann man also widerspruchsfrei auf A/π die Operation $\Diamond$ durch

$$[x_1]\,\Diamond\,[x_2] = [x_1 * x_2]$$

definieren.

$(A/\pi,\,\Diamond)$ heißt *Faktorstruktur* von $(A, *)$.

Ist π_ψ die zu einem Morphismus

$$\psi\colon A \to B$$

gehörende Äquivalenzrelation auf A, so ist π_ψ immer eine Kongruenzrelation. Es gilt der

Satz: *Ist $\psi\colon A \to B$ ein Morphismus für $(A, *)$ und (B, Δ), so ist in der Zerlegung*

$$\psi = \varkappa \circ \zeta$$

die Abbildung $\varkappa\colon A \to A/\pi_\psi$ ein (kanonischer) Epimorphismus und $\zeta\colon A/\pi_\psi \to B$ ein Monomorphismus.

Ist ψ surjektiv (Epimorphismus), so ist ζ ein Isomorphismus. Daraus folgt der fundamentale

Satz: *Jede zu $(A, *)$ epimorphe Struktur (B, Δ) ist einer Faktoralgebra $(A/\pi, \Diamond)$ von $(A, *)$ isomorph.*

Entsprechende Sätze gelten für allgemeinere Strukturen.

E. Spezielle Strukturen

Mengen G mit einer zweistelligen Operation $*$ werden als *Gruppoid* bezeichnet. Ist $*$ *assoziativ* $[x_1 * (x_2 * x_3) = = (x_1 * x_2) * x_3]$, so spricht man von *Halbgruppen*.

Eine *Gruppe* $(G, *)$ ist eine Halbgruppe mit (genau) einem *neutralen Element* e $(e * x = x * e = x$ für alle $x \in G)$ und (genau) einem jeden $x \in G$ zugeordneten *inversen Element* x^{-1} $(x * x^{-1} = x^{-1} * x = e)$.

Mengen R mit zwei zweistelligen Operationen $*$ und Δ werden als *Ring* bezeichnet, wenn die *Teilstruktur* $(R, *)$ eine *kommutative Gruppe* ($*$ ist *kommutativ*), die Teilstruktur (R, Δ) ein (assoziatives) Gruppoid bildet und wenn Δ bez. $*$ *distributiv* ist $(x_1 \Delta (x_2 * x_3) = = (x_1 \Delta x_2) * (x_1 \Delta x_3))$. Ist $R \setminus \{e_*\}$ (e_* neutrales Element von $(R, *)$) bez. Δ eine Gruppe, so heißt $(R, *, \Delta)$ *Körper*.

In einem Ring ist immer

$$x_1 \Delta e_* = e_* \Delta x = e_* \,,$$

aber es kann auch gelten

$$x_1 \Delta x_2 = e_* \quad (x_1, x_2 \neq e_*) \,.$$

In diesem Fall heißen x_1, x_2 *Nullteiler*.

Ein assoziativ-kommutativer Ring ohne Nullteiler (Δ ist assoziativ und kommutativ) heißt *Integritätsring*.

Jeder Integritätsring kann durch Hinzunehmen weiterer Elemente zu einem Körper (*Quotientenkörper*) erweitert werden.

Dazu führt man für die Quotienten $\dfrac{x_1}{x_2}$ $(x_1, x_2 \in R)$ eine Äquivalenzrelation

$$\frac{x_1}{x_2} \pi \frac{x_1'}{x_2'} \Leftrightarrow x_1 \Delta x_2' = x_2 \Delta x_1' \quad (x_2, x_2' \neq e_*)$$

10 Wunsch

ein und definiert für die Repräsentanten der Klassen $\left[\dfrac{x_1}{x_2}\right]$ eine Addition $+$ und eine Multiplikation $\cdot$, deren Regeln mit denen für die Quotienten ganzer Zahlen übereinstimmen (π ist dann eine Kongruenzrelation).

Insbesondere ist

$$\left[\frac{x}{x}\right] = e. \quad \text{(neutrales Element bez. } \cdot)$$

$$\left[\frac{e_*}{x}\right] = e_+ \quad \text{(neutrales Element bzw. } +)$$

$$x \Leftrightarrow \left[\frac{x \Delta x_1}{x_1}\right].$$

Symbole

X	Eingabe- $\left.\vphantom{\begin{matrix}a\\b\\c\end{matrix}}\right\}$ Alphabet $\quad x \in X$
Y	Ausgabe- $\qquad$ $y \in Y$
Z	Zustands- $\qquad$ $z \in Z$
R	zellularer Raum, $r \in R$
T	Zeitskala, $t \in T$
$\boldsymbol{X}$	Wort- bzw. Signalraum, $(\boldsymbol{x}: T \to X) \in \boldsymbol{X}$
	$\boldsymbol{x}(t) = x^t = x$
$\dot{\boldsymbol{X}}$	Eingabe-Raum, $(\dot{\boldsymbol{x}}: R \to X) \in \dot{\boldsymbol{X}}$,
	$\dot{\boldsymbol{x}}(r) = \boldsymbol{x}^r = \boldsymbol{x}$
$\dot{X}$	Konfigurationsraum, $(\dot{x}: R \to X) \in \dot{X}$
$(\dot{X})$	Propagationsraum, $((\dot{x}): T \to \dot{X}) \in (\dot{X}))$
	Entsprechende Bezeichnungen gelten für die aus Z und Y in der gleichen Weise abgeleiteten Mengen.
$\dot{Z}^\tau, \dot{Z}^*$	Zustands-Konfigurationsraum
$\mathbf{R}$	Menge der reellen Zahlen $\left.\vphantom{\begin{matrix}a\\b\\c\end{matrix}}\right\}$
$\mathbf{Z}$	Menge der ganzen Zahlen $\qquad \tau \in \mathbf{R}, \mathbf{Z}, \mathbf{N}$
$\mathbf{N}$	Menge der natürlichen Zahlen
$\boldsymbol{x} \mid T_{\tau_1, \tau_2}$	Einschränkung von $\boldsymbol{x}$ auf T_{τ_1, τ_2}
	$= T \cap [\tau_1, \tau_2)$
$\mathfrak{F}(X, Y)$	Menge aller Abbildungen $X \to Y$
$\mathfrak{P}(X)$	Potenzmenge von X
S	Menge von globalen Systemabbildungen
	$S: \dot{\boldsymbol{X}} \to \dot{\boldsymbol{Y}}$
$\boldsymbol{S}^\tau$	Menge aller $S_{\dot{\boldsymbol{x}}, \tau}$ $(\dot{\boldsymbol{x}} \in \dot{\boldsymbol{X}}, S \in \boldsymbol{S})$
$\boldsymbol{S}^* = \boldsymbol{S}^*(\boldsymbol{S})$	von $\boldsymbol{S}$ erzeugte ω-abgeschlossene Menge von Systemabbildungen
$\mathfrak{S}$	zellulares System
$\bar{\boldsymbol{S}}^*$	Klasseneinteilung von $\boldsymbol{S}^*$, $\boldsymbol{S}^* = \bigcup_\tau \boldsymbol{S}^\tau$

10*

$\bar{S}^\tau$	Klasseneinteilung von S^τ, $\bar{S} \in \bar{\bar{S}}^\tau$
$F(F, F_r)$	Überführungsoperator, global (lokal)
$g(g, g_r)$	Ergebnisoperator, global (lokal)
$U, U_{r,t}$	Umgebung
$\varphi_{r,t}(r')$, $[\varphi(r, t, r')]$	Strukturfunktion, lokal (global)
$\dot{X}/U \dot{X}/r, t,$ $S_r^\varphi, S_{r,t}^\varphi, H_{r,t}$	Klasseneinteilung, $[\dot{x}]_U \in \dot{X}/U$, $[x]_{r,t} \in X/r, t$ lokale Systemabbildung
$\Phi, (\Phi_{r,t})$	Ausbreitungsfunktion, global (lokal)
μ	Umgebungsfunktion
μ	Nachbarschaftsfunktion der Eingabe (N: Nachbarschaft)
μ_0	Nachbarschaftsfunktion der Ausgabe (N_0: Nachbarschaft)
λ	Nachbarschaftsfunktion des Zustandes (N^* Nachbarschaft)
∇	Translationsoperator
A', B', C', D'	lineare Operatoren (lineares System)
f	Überführungsfunktion (diskrete Zeit)
$\bar{f}$	Überführungsfunktion (zeitinvariante Systeme)
$\bar{g}$	Ergebnisoperator (lokal, zeitinvariante Systeme)
μ_1, λ_1, μ_0	Nachbarschaftsfunktionen (diskrete Zeit)
$\bar{\mu}, \bar{\lambda}$	geordnete Nachbarschaftsfunktionen (diskreter Raum)
δ_r	Elementarkonfiguration (lineares System)
$\tilde{f}$ $\tilde{g}$	Überführungsoperator $\Big\}$ (lineares System) Ergebnisoperator
T_ζ	Zeta-Transformation
Φ	Fundamentalmatrix (lineares System)
$\mathbf{A, B, C, D}$	Systemmatrizen (lineares System)
$\mathbf{H}(\eta, t)$	Gewichtsmatrix (lineares System); Elemente: $h(\eta, t)$
$\mathbf{H}(\eta, \zeta)$	Überführungsmatrix (lineares System), Elemente $h(\eta, \zeta)$
Δ^k	k-te Differenz

Literatur

[1] NEUMANN, J. v.: The theory of self-reproducing automata. In BURKS: Essays on cellular automata. University of Illinois Press, Urbana 1970.

[2] REICHARDT, W., u. GINITIE, G. M.: Zur Theorie der lateralen Inhibition. Kybernetik 1 (1962) S. 155–165.

[3] MARKO, H.: Die Systemtheorie der homogenen Schichten. Kybernetik 5 (1969) S. 221–240.

[4] PRANGISCHWILI, I. W.: Neue Prinzipien der Realisierung von Logik- und Rechenanlagen auf der Grundlage homogener mikroelektronischer Strukturen. Automatika i Telemechanika 10 (1965) S. 1781–1792.

[5] ZUSE, K.: Rechnender Raum. Verlag Vieweg, Braunschweig 1969.

[6] ZADEH, L. A., u. POLAK, E.: System Theory. McGraw-Hill Book Company, New York 1969.

[7] WUNSCH, G.: Systemtheorie. Akademische Verlagsgesellschaft Geest & Portig, Leipzig 1975.

[8] MERZENICH, W.: Algebraische Charakterisierung additiver Automaten-Arrays. Gesellschaft für Mathematik u. Datenverarbeitung. St. Augustin 1 (1974).

[9] JUGEL, A., u. KARL, I.: Beitrag zur Theorie zellularer Systeme. Dissertation TU Dresden, Dresden 1975.

[10] SZYNKA, G.: Analyse und Synthese zellularer Systeme. Dissertation TU Dresden, Dresden 1976.

[11] CODD, E. F.: Cellular Automata. Academic Press, New York 1968.

Sachwortverzeichnis